国家中职示范校数控类专业
优质核心专业课程系列教材

SHUKONG JICHUANG CAOZUO YU BIANCHENG

数控机床操作与编程

——数控铣/加工中心篇实训指导书

◎ 杨晓梅　王晓涛　编

◎ 董华燕　主审

西安交通大学出版社
XI'AN JIAOTONG UNIVERSITY PRESS

内容简介

全书共分为七个项目,包括数控铣/加工中心的操作、平面的加工、轮廓零件的加工、孔系加工、槽类零件加工、复合零件的加工和曲线、曲面加工。前五个项目每个项目包括二到五个子任务,项目六和项目七是对零件各加工方法的综合应用。

本实训指导书是机械类数控专业教材《数控机床操作与编程——数控铣/加工中心篇》(董华燕主编)的配套用书,也可作为中、高级数控铣工岗位培训用书。

图书在版编目(CIP)数据

数控机床操作与编程:数控铣/加工中心篇实训指导书/杨晓梅,王晓涛编.—西安:西安交通大学出版社,2016.9
ISBN 978-7-5605-9024-0

Ⅰ.①数… Ⅱ.①杨… ②王… Ⅲ.①数控机床—铣床—操作—技工学校—教学参考资料②数控机床—铣床—程序设计—技工学校—教学参考资料③数控机床加工中心—操作—技工学校—教学参考资料④数控机床加工中心—程序设计—技工学校—教学参考资料
Ⅳ.①TG659

中国版本图书馆 CIP 数据核字(2016)第235097号

书　　名	数控机床操作与编程——数控铣/加工中心篇实训指导书
编　　者	杨晓梅　王晓涛
策划编辑	曹　昳
责任编辑	曹　昳　杨　璠
文字编辑	王心冰
出版发行	西安交通大学出版社
	(西安市兴庆南路10号　邮政编码710049)
网　　址	http://www.xjtupress.com
电　　话	(029)82668357 82667874(发行中心)
	(029)82668315(总编办)
传　　真	(029)82668280
印　　刷	虎彩印艺股份有限公司
开　　本	880 mm×1230 mm　1/16　印张 11.25　字数 281千字
版次印次	2016年10月第1版　2016年10月第1次印刷
书　　号	ISBN 978-7-5605-9024-0/TG·52
定　　价	33.00元

○一二基地高级技工学校
陕西航空技师学院

国家中职示范校建设项目

优质核心专业课程系列教材编委会

顾　问：雷宝岐　李西安　张春生

主　任：李　涛

副主任：毛洪涛　刘长林　刘万成　时　斌

　　　　张卫军　庞树庆　杨　琳　曹　昳

委　员：付　延　尹燕军　杨海东　谢　玲　黄　冰

　　　　殷大鹏　洪世颖*　杜应开*　杨青海*　李晓军*

　　　　何含江*　胡伟雄*　王再平*

　　　　（注：标注有*的人员为企业专家）

《数控机床操作与编程——数控
铣/加工中心篇实训指导书》编写组

主　编　杨晓梅

参　编　王晓涛

主　审　董华燕

P 前 言
Preface

为贯彻〇一二基地高级技工学校（陕西航空技师学院）的"以就业为导向，以能力为本位，以服务为宗旨"的办学思想，特编此书。此书整合了数控铣床/加工中心相关安全事项、理论知识、操作步骤、操作标准、注意事项、评分依据、考核标准等。

此书是为〇一二基地高级技工学校（陕西航空技师学院）数控铣床/加工中心专业实训课程所编，意在给本专业的学生参加实训课程时提供专门的、结合本学校设备的实训指导书。使指导教师，理论教师和专业学生在进行数控铣/加工中心实训课程时学习有目标，教学有依靠，评分有根据，考核有标准，为学生提供相关的实训指导，为教师提供较好的教学大纲。

本实训指导书是机械类数控专业教材《数控机床操作与编程——数控铣/加工中心篇》（董华燕主编）的配套用书，按任务导入→获取信息→制定计划→作出决策→实施计划→检查评价六个环节执行教学，实施"教、学、做、评"一体化教学模式，有效地培养学生职业能力：专业能力、方法能力和社会能力。

教学内容分为七部分：数控铣/加工中心的操作、平面的加工、轮廓零件的加工、孔系加工、槽类零件加工、复合零件的加工和曲线、曲面加工。本书内容由简到繁，循序渐进，逐层递进。

本书由杨晓梅担任主编，陕西省技术能手王晓涛参编，董华燕主审。

由于编者水平有限，在本实训指导书编写过程中难免出现不妥之处，敬请各位专家、师生指正，不胜感谢。

编　者

C目录
Contents

数控铣/加工中心实训教学大纲

一、实训性质

《数控机床操作与编程》是数控技术专业的核心专业课程。本课程是为培养本专业学生必备的一项重要技能（数控机床操作、编程及其使用能力）而开设的必修课程，是学生学习和掌握现代制造技术、机电一体化技术、数控机床使用及编程技术所必须的基础课程。本书还是学生学习了《机械制图与CAD》《机械制造技术》《机械加工工艺与技能训练》等有关专业课程后，安排在数控实训车间中完成的一体化课程；是对学生的数控铣削加工工艺规程设计及实施能力、数控编程能力、数控铣床（加工中心）操作及加工调整能力、加工现场协调能力等的综合训练和评价。

二、实训任务及目的

1. 实训任务

本实训的任务主要是对在校学生进行常见数控铣床基本操作技能的强化训练，使学生了解数控铣床的结构和工作原理；掌握数控铣床日常维护和保养方法；具备常见数控铣床的基本操作能力及解决机床加工过程中的实际问题的能力。并且使学习者通过实训学习后，达到国家技能鉴定标准数控铣高级工水平。

2. 实训目的

（1）熟悉数控铣床（加工中心）的结构组成及工作原理。

（2）掌握工、夹、量具的正确使用和保养方法。

（3）能够熟练地操作数控铣床（加工中心），并具有对机床进行安全生产及维护保养的能力。

（4）对于中等复杂的零件具有选择加工方法和进行工艺分析的能力，具备独立完成中等复杂零件的编程、加工制造和测量的实践能力。

（5）有能力编制典型零件数控加工程序。

（6）具备调试加工程序和参数设置、调整的基本能力。

（7）实训过程中，通过接受有关的生产劳动纪律及安全生产教育，培养学生良好的职业素质和团结协作、爱岗敬业的科学精神，使学生将来更好更快地适应职业岗位的需求。

三、实训条件

实训所用设备见表0-0-1，常见数控铣床和线切割机床见表0-0-2。

表0-0-1　实训所用设备

实训设备	型号/规格	数量	备注
数控铣床	XK7132型	2台	华中系统
数控铣床	XK714型	8台	广数系统GSK983M
加工中心	VB650型	1台	日本发那科系统FANUC
加工中心	XH7145型	1台	日本三菱系统

表0-0-2　常见数控铣床和线切割机床

序号	设备编号	设备名称	设备型号
1	SX1	数控铣机床	VMC1370
2	SX2	数控铣机床	VMC1580
3	SX3	数控铣机床	JIVMC40MB
4	SX4	数控铣机床	JIVMC40MB
5	SX5	数控铣机床	VC800
6	SX6	数控铣机床	VC800
7	SX7	数控铣机床	XK714C
8	SX8	数控铣机床	7H5632C
9	SX9	数控铣机床	VC800
10	SX10	数控铣机床	SIEMENS802S
11	SX11	数控铣机床	SIEMENS802S
12	SX12	数控铣机床	SIEMENS802S
13	SX13	数控铣机床	SIEMENS802S
14	SX14	数控铣机床	SIEMENS802S
15	SX15	数控铣机床	SIEMENS802S
16	SX16	数控铣机床	HCZK1340
17	SX17	数控铣机床	HCZK1340
18	SX18	数控铣机床	HCZK1340
19	SX19	数控铣机床	HCZK1340
20	线切割002	线切割机床	DK7740
21	线切割001	线切割机床	DK7740
22	线切割003	线切割机床	HCKX320

四、实训要求及注意事项

（1）严格遵守实训车间的管理规定，服从老师的安排，认真学习机床的安全文明操作规程，提高警惕，做到安全第一。

（2）遵守实训车间纪律，做到不迟到、不早退、不旷课；工作服、工作帽要穿戴整齐，仪容仪表整洁大方。平时要正常开机/关机，打扫实训场所卫生及保养好数控机床。

（3）要求每个学生都要掌握数控铣床的基本操作及对刀和参数设置方法，能够独立且熟练地完成中、高级工课题的绘图、编程与加工，最后顺利通过中、高级铣工的考证。

（4）每个学生独立完成实训报告的撰写。

五、实训内容及时间安排

本教材总学时为600学时，其各项目学时分配见表0-0-3。

表0-0-3　项目学时分配

教 学 内 容	学 时
项目一　数控铣/加工中心的操作	140
项目二　平面的加工	70
项目三　轮廓零件的加工	70
项目四　孔系加工	90
项目五　槽类零件加工	70
项目六　复合零件的加工	80
项目七　曲线、曲面加工	80
合　计	600

项目一

数控铣/加工中心的操作

一、项目教学课时

项目一教学课时分配见表1-0-1。

表1-0-1　项目一教学课时

项目一　数控铣/加工中心的操作	学　时
任务一　认识数控铣/加工中心	20
任务二　数控铣床手动操作	30
任务三　对刀与参数设置	30
任务四　编程与自动运行	40
任务五　数控铣床的日常维护及保养	20
合　计	140

二、项目实施目标

（1）能够进行安全文明生产，并对机床做好维护及保养。

（2）学会操作面板的操作方法。

（3）能够用简单的数控代码进行编程操作，能对程序进行输入与编辑。

（4）能独立进行试切法对刀及工件坐标系的校对调试。

（5）能独立进行返回参考点以及超程解除操作，能进行一般的报警排除。

一、任务教学课时

任务一教学课时为20学时。

二、任务目标

（1）能按照车间安全防护规定穿戴劳保用品，执行安全操作规程，牢固树立正确的安全文明操作意识。

（2）能正确识别常用数控铣床，熟悉其主要特性。

（3）能描述数控铣床的组成、结构、功能，指出各部件的名称和作用。

（4）能够通过查阅资料，简述数控机床发展趋势及数控新知识。

三、任务实施设备条件

任务实施所需设备见表1-1-1。

表1-1-1　任务实施设备条件

序号	设备等名称	设备等条件
1	设　备	FANUC数控系统XK714C型和FANUC数控系统TH7650型
2	刀　具	ϕ20立铣刀、ϕ14键槽刀、ϕ14立铣刀
3	量　具	游标卡尺（0～150）、深度千分尺（25～50）、千分尺（25～50）
4	工具、辅具	平口虎钳、垫铁
5	加工材料	45#钢

四、工作情境描述

培训开始后，新员工观看了有关数控加工的介绍资料，并参观了数控车间，小王不禁被各种数控机床所吸引，通过老师的讲解，以及观看视频、查阅资料后，他逐渐认识并熟悉了这些机床。

五、相关知识概述

（1）安全文明生产是企业生产管理的重要内容之一，直接影响企业的产品质量和经济效益，影响设备的利用率和使用寿命，影响工人的人身安全。

（2）数控加工过程，见图1-1-1。

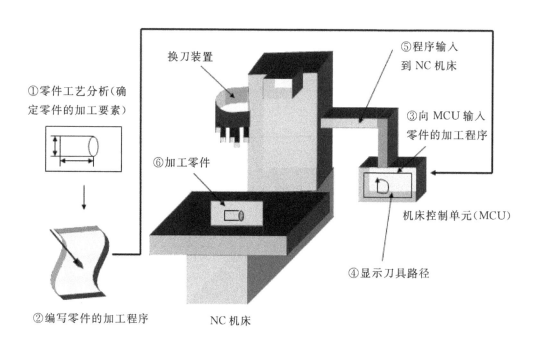

图1-1-1 数控加工的过程

（3）数控机床分类，见图1-1-2。

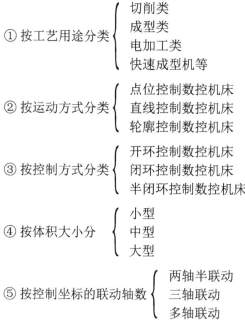

图1-1-2 数控机床的分类

（4）加工中心的主要结构，见图1-1-3。

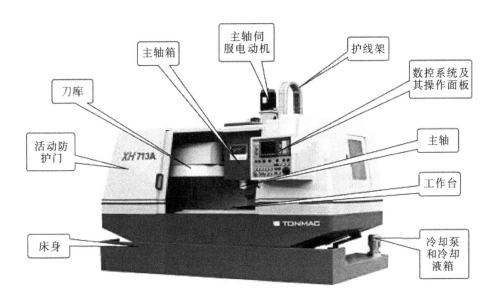

图1-1-3　加工中心的主要结构

（5）数控铣削加工的主要对象如下：

①平面类零件。

②变斜角类零件。

③曲面类（立体类）零件。

④箱体类零件。

六、实训内容

（1）接受安全文明生产教育：严格遵守数控机床的安全操作规程；遵守上下班、交接班制度；保持环境卫生，用好、管好机床；穿戴好工作服等防护用品。

（2）进行专业认知：数控机床基本结构和类型。

（3）参观生产车间现场：强调参观时的安全注意事项；详细记录参观的数控铣床/加工中心的类型、型号、数控系统、数量、出厂厂家等具体参数；能简略描述数控操作工工作岗位的要求。

七、考核评价

教学项目过程考核评价表，见表1-1-2。

表1-1-2 任务一 认识数控铣/加工中心教学项目过程考核评价表

工作任务		项目一 任务一 认识数控铣/加工中心					
班级：	姓名：	学号：	指导教师：		日期：		
考核项目	考核标准	考核依据	考核方式		权重	得分小计
			小组考核	学校考核		
			30%	70%		
职业素质	1. 遵守学校管理规定及劳动纪律（5分） 2. 能积极主动地完成学习及工作任务（5分） 3. 能比较全面地提出需要学习和解决的问题（6分） 4. 工具的规范使用，工作环境整洁（7分） 5. 严格遵守安全生产规范（7分）	1. 教学日志 2. 课堂记录 3. 工作现场 4. 6S管理标准			30%	
专业能力	1. 能正确识别常用数控铣床，熟悉其主要特性（10分） 2. 能描述数控铣床的组成、结构、功能，并指出各部件的名称和作用（10分） 3. 能描述数控铣削加工的主要对象（10分） 4. 参观生产车间现场，能详细记录参观的数控机床/加工中心的类型、型号、数控系统、数量、出厂厂家等具体参数（20分） 5. 能简略描述数控操作工工作岗位的要求（10分） 6. 能够通过查阅资料，简述数控机床发展趋势及数控新知识（10分）	1. 数控机床结构 2. 数控机床分类明细 3. 数控机床/加工中心具体参数 4. 数控操作工工作岗位的要求			70%	
指导教师综合评价	总分：					
	（签章）					

八、思考与练习

（1）写出如图1-1-4所示的XK5040型数控铣床各组成部分名称，并简述其功能。

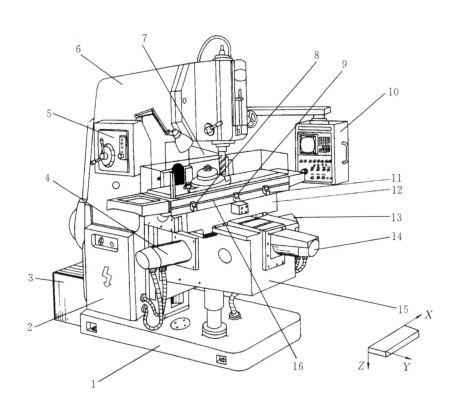

图1-1-4　XK5040型数控铣床

（2）简略描述数控操作工工作岗位的要求。

（3）填写数控铣床/加工中心的类型、型号及数控系统的类型记录表，见表1-1-3。

表1-1-3　记录数控铣床/加工中心的信息

机床 车间	类型	型号	数控系统	数量	厂家
数控车间					

一、任务教学课时

任务二教学课时为30学时。

二、任务目标

（1）能够正确判断机床坐标系。

（2）能够进行面板按键识别、各个功能显示画面识别。

（3）能正确进行参考点返回操作。

（4）能操作机床手动快速移动、手动速度调整及快速倍率的使用。

（5）能进行超程的解除。

三、任务实施设备条件

任务实施所需设备见表1-2-1。

表1-2-1　任务实施设备条件

序号	设备等名称	设备等条件
1	设　备	FANUC系统XK714C型和FANUC系统TH7650型
2	刀　具	ϕ20立铣刀、ϕ14键槽刀、ϕ14立铣刀
3	量　具	游标卡尺（0～150）、深度千分尺（25～50）、千分尺（25～50）
4	工具、辅具	平口虎钳、垫铁
5	加工材料	45#钢

小王被分到一台FANUC 0i系统的数控铣床上实习，师傅首先要求他尽快熟悉这台机床的操作面板，并能够熟练地操作机床运动。

五、相关知识概述

1.学习数控机床坐标系

（1）右手笛卡尔坐标系，见图1-2-1。

伸出右手的大拇指、食指和中指，并互为90°。其中，大拇指代表X坐标；食指代表Y坐标；中指代表Z坐标。

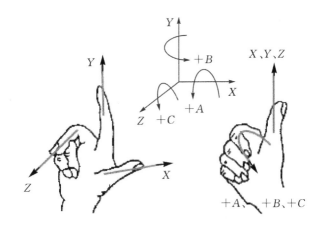

图1-2-1　右手直角笛卡儿坐标系

（2）数控铣床坐标轴确定顺序、正方向的确定原则见图1-2-2。

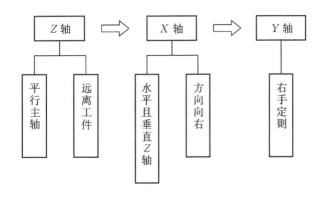

图1-2-2　坐标轴确定顺序

（3）与数控加工相关的坐标系统及相关点，见图1-2-3。

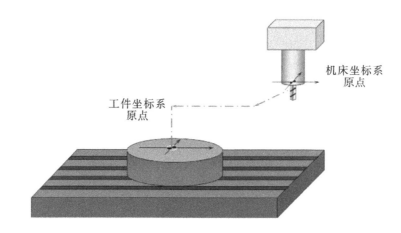

图1-2-3　数控加工有关坐标系统及相关点

2. 操作面板的认知

（1）FANUC 0i Mate-MC数控系统CRT显示屏及按键，见图1-2-4。

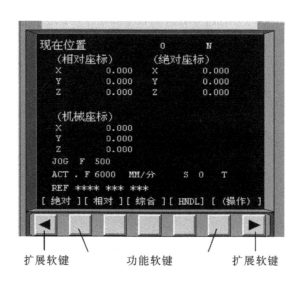

图1-2-4　FANUC 0i Mate-MC数控系统CRT显示屏及按键

（2）FANUC 0i Mate-MC数控系统编辑面板按键，见图1-2-5。

图1-2-5　FANUC 0i Mate-MC数控系统编辑面板按键

（3）FANUC 0i Mate-MC数控系统操作面板按键及旋钮，见图1-2-6。

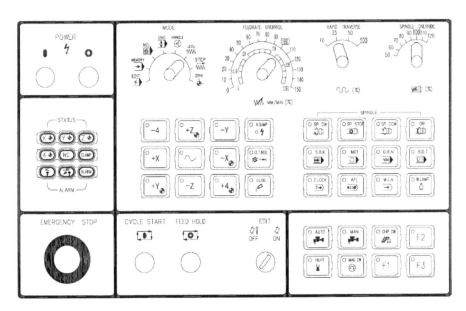

图1-2-6　FANUC 0i Mate-MC数控系统操作面板按键及旋钮

3. 手动操作练习

手动操作练习顺序见图1-2-7。

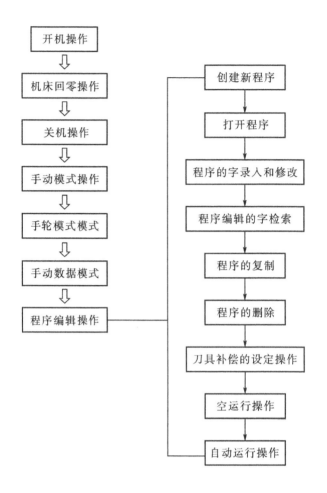

图1-2-7 手动操作练习

4.超程解除

当机床试图移到由机床限位开关设定的行程终点的外面时，由于碰到限位开关，机床减速并停止，而且显示OVER TRAVEL。

六、实训内容

（1）学习数控机床坐标系：坐标系的确定、坐标轴的确定原则和相关坐标系统及相关点。

（2）操作面板的认知：FANUC 0i Mate-MC数控系统CRT显示屏及按键、编辑面板按键和操作面板按键及旋钮。

（3）手动操作练习：开机操作—机床回零操作—关机操作—手动模式操作—手轮模式操作—手动数据模式—程序编辑操作。

（4）超程解除：自动运行和手动操作。

七、考核评价

教学项目过程考核评价表，见表1-2-2。

表1-2-2　任务二　数控铣床手动操作教学项目过程考核评价表

工作任务		项目一　任务二　数控铣床手动操作					
班级：	姓名：	学号：	指导教师：		日期：		
考核项目	考核标准	考核依据	考核方式		权重	得分小计	
			小组考核	学校考核			
			30%	70%			
职业素质	1. 遵守学校管理规定及劳动纪律（5分） 2. 能积极主动地完成学习及工作任务（5分） 3. 能比较全面地提出需要学习和解决的问题（6分） 4. 工具的规范使用，工作环境整洁（7分） 5. 严格遵守安全生产规范（7分）	1. 教学日志 2. 课堂记录 3. 工作现场 4. 6S管理标准			30%		
专业能力	1. 能够正确判断机床坐标系（10分） 2. 能够进行面板按键识别，各个功能显示画面识别（10分） 3. 能正确进行参考点返回操作（20分） 4. 能操作机床手动快速移动，手动速度调整及快速倍率的使用（20分） 5. 能进行超程的解除（10分）	1. 数控机床坐标系的确定 2. FANUC 0i Mate-MC数控系统CRT显示屏及按键 3. FANUC 0i Mate-MC数控系统编辑面板按键 4. FANUC 0i Mate-MC数控系统操作面板按键及旋钮 5. 手动操作练习步骤			70%		
指导教师综合评价	总分：	（签章）					

八、思考与练习

（1）判断车间里的所有数控铣床/加工中心的坐标系。

（2）熟悉FANUC系统的操作面板。

（3）进行数控机床常用手动操作练习。

任务三 对刀与参数设置

一、任务教学课时

任务三教学课时为30学时。

二、任务目标

（1）能够说明各种刀具的名称及用途。

（2）能正确装卸刀具。

（3）能阐述对刀原理，并进行对刀操作。

（4）能够进行对刀参数修调。

三、任务实施设备条件

任务实施所需设备见表1-3-1。

表1-3-1　任务实施设备条件

序号	设备等名称	设备等条件
1	设　备	FANUC系统XK714C型和FANUC系统TH7650型
2	刀　具	ϕ20立铣刀、ϕ14键槽刀、ϕ14立铣刀
3	量　具	游标卡尺（0～150）、深度千分尺（25～50）、千分尺（25～50）
4	工具、辅具	平口虎钳、垫铁
5	加工材料	45#钢

四、工作情境描述

在生产现场，小王看到了各种熟悉或不熟悉的刀具，这些刀具在今后的工作中会用到，他将尽快熟悉它们。同时他也开始了数控加工关键的一步，就是对刀。

五、相关知识概述

1. 装卸刀具操作

（1）安装刀具时要先将刀具安装在刀柄上。

（2）将刀具在刀柄上安装好后，再将刀柄安装到主轴套筒的锥孔内。

2. 对刀操作

对刀方法分为手动对刀和自动对刀两大类。

3. 数控铣床对刀步骤

数控铣床对刀步骤见图1-3-1。

图1-3-1　数控铣床对刀步骤

4. 对刀参数修调

调整工件坐标系在机床坐标系中的位置，解决加工位置或加工尺寸的问题。

六、实训内容

刀具操作与调整，见图1-3-2。

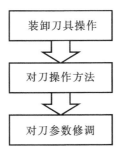

图1-3-2　装卸刀具、对刀，参数调整

七、考核评价

教学项目过程考核评价表，见表1-3-2。

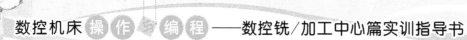

表1-3-2　任务三　对刀与参数设置教学项目过程考核评价表

工作任务	项目一　任务三　对刀与参数设置					
班级：　　　姓名：　　　学号：		指导教师：　　　日期：				
考核项目	考核标准	考核依据	考核方式		权重	得分小计
			小组考核	学校考核		
			30%	70%		
职业素质	1. 遵守学校管理规定及劳动纪律（5分） 2. 能积极主动地完成学习及工作任务（5分） 3. 能比较全面地提出需要学习和解决的问题（6分） 4. 工具的规范使用，工作环境整洁（7分） 5. 严格遵守安全生产规范（7分）	1. 教学日志 2. 课堂记录 3. 工作现场 4. 6S管理标准			30%	
专业能力	1. 能够说明各种刀具的名称及用途（10分） 2. 能正确装卸刀具（20分） 3. 能阐述对刀原理，并进行对刀操作（20分） 4. 能够进行对刀参数修调（20分）	1. 各种刀具的名称及用途 2. 装卸刀具操作步骤 3. 对刀原理和操作步骤 4. 对刀参数			70%	
指导教师综合评价	总分： （签章）					

八、思考与练习

（1）将工件坐标系原点设置在不同位置，进行对刀练习。

（2）练习采用塞尺、标准芯棒和块规对刀，采用寻边器对刀等不同的方式进行。

任务四 编程与自动运行

任务四教学课时为40学时。

二、任务目标

（1）学会常用代码的应用。

（2）能够进行程序的输入及编辑。

（3）熟练进行单段运行、自动运行的操作。

（4）熟练进行图形模拟的操作。

三、任务实施设备条件

任务实施所需设备见表1-4-1。

表1-4-1　任务实施设备条件

序号	设备等名称	设备等条件
1	设　备	FANUC系统XK714C型和FANUC系统TH7650型
2	刀　具	φ20立铣刀、φ14键槽刀、φ14立铣刀
3	量　具	游标卡尺（0～150）、深度千分尺（25～50）、千分尺（25～50）
4	工具、辅具	平口虎钳、垫铁
5	加工材料	45#钢

看到数控机床在无人看管下也能自动加工出漂亮的零件，小王迫不及待地开始学习编程了，他希望过不了多久，机床也能听他的"话"。

五、相关知识概述

1. 学习编程

（1）加工程序的组成，见图1-4-1。

图1-4-1　加工程序的组成

（2）常用程序指令，见表1-4-2。

表1-4-2　常用程序指令

N	G	X_ Y_ Z_	……	F_	S_	T_	M_	;
程序段号	准备功能	坐标值	其他功能	进给速度	主轴转速	刀具功能	辅助功能	程序段结束

2. 程序的输入

通常采用手动MDI面板模式输入，注意程序的正确性。另外自动编程数据量大，多用电脑DNC模式。

3. 程序的校验

程序的校验见图1-4-2。

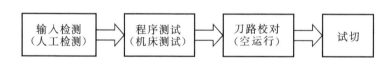

图1-4-2　程序的校验

六、实训内容

（1）学习编程。

（2）程序的输入。

（3）程序的校验。

七、考核评价

教学项目过程考核评价表，见表1-4-3。

表1-4-3　任务四　编程与自动运行教学项目过程考核评价表

工作任务	项目一　任务四　编程与自动运行					
班级：　　　姓名：　　　学号：　　　指导教师：　　　日期：						
考核项目	考核标准	考核依据	考核方式		权重	得分小计
			小组考核	学校考核		
			30%	70%		
职业素质	1. 遵守学校管理规定及劳动纪律（5分） 2. 能积极主动地完成学习及工作任务（5分） 3. 能比较全面地提出需要学习和解决的问题（6分） 4. 工具的规范使用，工作环境整洁（7分） 5. 严格遵守安全生产规范（7分）	1. 教学日志 2. 课堂记录 3. 工作现场 4. 6S管理标准			30%	

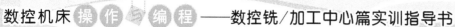

续表

考核项目	考核标准	考核依据	考核方式		权重	得分小计
			小组考核	学校考核		
			30%	70%		
专业能力	1. 学会常用代码的应用（10分） 2. 能够进行程序的输入及编辑（10分） 3. 能熟练进行单段运行、自动运行的操作（20分） 4. 能熟练进行图形模拟的操作（20分） 5. 能根据零件加工要求正确处理加工参数（10分）	1. 加工程序的组成 2. 程序段格式 3. 手动MDI面板模式输入，电脑DNC模式 4. 程序的校验 5. 测试零件图 6. 程序清单 7. 调试记录			70%	
指导教师综合评价	总分：	（签章）				

八、思考与练习

（1）进行常用指令的编程练习。

（2）练习输入或调用已有程序，进行程序校验。

任务五 数控铣床的日常维护及保养

一、任务教学课时

任务五教学课时为20学时。

二、任务目标

能够对机床进行维护及保养。

三、任务实施设备条件

任务实施所需设备见表1-5-1。

表1-5-1　任务实施设备条件

序号	设备等名称	设备等条件
1	设　备	FANUC系统XK714C型和FANUC系统TH7650型
2	刀　具	ϕ20立铣刀、ϕ14键槽刀、ϕ14立铣刀
3	量　具	游标卡尺（0～150）、深度千分尺（25～50）、千分尺（25～50）
4	工具、辅具	平口虎钳、垫铁
5	加工材料	45#钢

四、工作情境描述

师傅交给了小王一本《数控机床日常维护及保养手册》，在师傅的指导下，小王知道了如何善待数控机床这位朝夕相处的"朋友"，让它更好地工作。

五、相关知识概述

（1）接受数控铣床日常维护及保养教育。

注意事项：正确使用、精心维护。

方法和要求：观看视频，阅读机床说明书、手册等资料和数控机床日常保养一览表1-5-2。

表1-5-2　数控机床日常保养一览表

序号	检查周期	检查部位	检查要求
1	每天	导轨润滑	检查润滑油的油面、油量，及时加油；检查润滑油泵能否定时启动、打油及停止，以及导轨各润滑点在打油时是否有润滑油流出
2	每天	X、Y、Z及回旋轴的导轨	清除导轨面上的切屑、脏物、冷却水剂，检查导轨润滑油是否充分、导轨面上有无划伤损坏及锈斑、导轨防尘刮板上有无夹带切屑，如果是安装滚动滑块的导轨，当导轨上出现划伤时应检查滚动滑块

续表

序号	检查周期	检查部位	检查要求
3	每天	压缩空气气源	检查气源供气压力是否正常，含水量是否过大
4	每天	机床进气口的油水自动分离器和自动空气干燥器	及时清理分水器中滤出的水分，加入足够润滑油；检查空气干燥器是否能自动切换工作，干燥剂是否饱和
5	每天	气液转换器和增压器	检查存油面高度并及时补油
6	每天	主轴箱润滑恒温油箱	检查恒温油箱能否正常工作，由主轴箱上的油标确定是否有润滑油，调节油箱制冷温度能正常启动，制冷温度不要低于室温太多。以相差2～5 ℃为宜，否则主轴容易"出汗"（空气水分凝聚）
7	每天	机床液压系统	油箱、油泵无异常噪声，压力表指示正常工作压力，油箱工作油面在允许范围内，回油路上背压不得过高，各管路接头无泄露和明显振动
8	每天	主轴箱液压平衡系统	平衡油路无泄露，平衡压力指示正常，主轴箱上下快速移动时压力波动不大，油路补油机构动作正常
9	每天	各种电气装置及散热通风装置	数控柜、机床电气柜进排风扇工作正常，风道过滤网无堵塞，主轴电机、伺服电机、冷却风道正常，恒温油箱、液压油箱的冷却散热片通风正常
10	每天	各种防护装置	导轨、机床防护罩应动作灵活而无漏水，刀库防护栏杆、机床工作区防护栏检查门开关应动作正常，在机床四周各防护装置上的操作按钮、开关、急停按钮位置正常
11	每周	各电柜进气过滤网	清洗各电柜进气过滤网
12	半年	滚珠丝杠螺母副	清洗丝杠上旧的润滑油脂，涂上新油脂，清洗螺母两端的螺母副
13	半年	液压油路	清洗溢流阀、减压阀、滤油器、油箱油底，更换或过滤液压油，注意加入油箱的新油必须经过过滤和去水分
14	半年	主轴润滑恒温油箱	清洗过滤器，更换润滑油，检查主轴箱各润滑点是否正常供油
15	每年	检查并更换直流伺服电机碳刷	从碳刷窝内取出碳刷，用酒精清除碳刷窝内和整流子上的碳粉，当发现整流子表面被电弧烧伤时，抛光表面、去毛刺，检查碳刷表面和弹簧有无失去弹性，更换长度过短的碳刷，并跑合后才能正常使用
16	每年	润滑油泵、滤油器等	清理润滑油箱池底，清洗更换滤油器

序号	检查周期	检查部位	检查要求
17	不定期	各轴导轨上镶条，压紧滚轮，丝杠	按机床说明书上的规定调整
18	不定期	冷却水箱	检查水箱液面高度，冷却液装置是否工作正常，冷却液是否变质，经常清洗过滤器，疏通防护罩和床身上各回水通道，必要时更换并清理水箱底部
19	不定期	排屑器	检查有无卡位现象等
20	不定期	清理废油池	及时取走废油池以免外溢，当发现油池中油量突然增多时，应检查液压管路中是否有漏油点

（2）每天严格地按规定执行，并做好机床维护及保养记录。

六、实训内容

（1）接受数控铣床日常维护及保养教育。

（2）做好机床维护及保养记录。

七、考核评价

教学项目过程考核评价表，见表1-5-3。

表1-5-3　任务五　数控铣床的日常维护及保养教学项目过程考核评价表

工作任务		项目一　任务五　数控铣床的日常维护及保养					
班级：	姓名：　　学号：		指导教师：　　日期：				
考核项目	考核标准		考核依据	考核方式		权重	得分小计
				小组考核	学校考核		
				30%	70%		
职业素质	1. 遵守学校管理规定及劳动纪律（5分） 2. 能积极主动地完成学习及工作任务（5分） 3. 能比较全面地提出需要学习和解决的问题（6分） 4. 工具的规范使用，工作环境整洁（7分） 5. 严格遵守安全生产规范（7分）		1. 教学日志 2. 课堂记录 3. 工作现场 4. 6S管理标准			30%	

续表

考核项目	考核标准	考核依据	考核方式		权重	得分小计
			小组考核	学校考核		
			30%	70%		
专业能力	1. 机床的日常保养（25分） 2. 机床的一级保养及维护（45分）	1. 数控铣床日常保养要求 2. 数控铣床一级保养的标准手册			70%	
指导教师综合评价	总分：					
	（签章）					

项目二

平面的加工

一、项目教学课时

项目二教学课时分配见表2-0-1。

表2-0-1　项目二教学课时

项目二　平面的加工	学　时
任务一　一般平面加工	35
任务二　台阶面的加工	35
合　计	70

二、项目实施目标

（1）能正确选择并使用工量具。

（2）能在数控机床上进行平面的编程及加工。

（3）能对平面加工易出现的问题进行分析并找出解决方法。

（4）能进行多把刀具的使用及调整。

一、任务教学课时

任务一教学课时为35学时。

二、任务目标

（1）能够熟练进行虎钳的找正。

（2）具有进行一般平面加工及检测的能力。

（3）学会使用调用子程序增量加工平面的方法。

（4）能进行加工参数的调整。

三、任务实施设备条件

任务实施所需设备见表2-1-1。

表2-1-1　任务实施设备条件

序号	设备等名称	设备等条件
1	设　备	FANUC系统XK714C型
2	刀　具	ϕ80面铣刀、ϕ12立铣刀
3	量　具	游标卡尺（0～150）、深度千分尺（25～50）、千分尺（25～50）、百分表（0～1）
4	工具、辅具	平口虎钳、垫铁
5	加工材料	45#钢

四、工作情境描述

师傅交给小王一张零件图，让他去领取毛坯及相关工量具，将零件加工出来。

五、相关知识概述

1.编程知识学习

编程知识学习见图2-1-1。

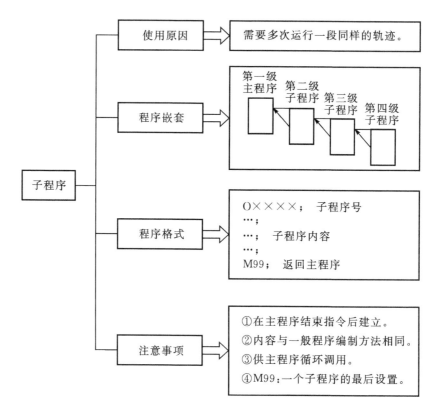

图2-1-1　编程知识学习

2. 工艺分析及编程

（1）零件图样分析：平面加工，保证厚度尺寸（10±0.05）mm，平面度0.05 mm，见图2-1-2。

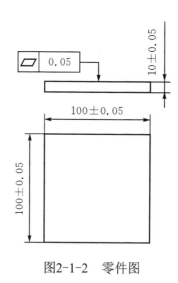

图2-1-2　零件图

注意：①选择较大直径刀具。

②两平面均匀去余量。

③使用小刀具，用子程序增量调用。

（2）制定加工工艺，见图2-1-3。

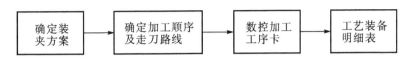

图2-1-3　制定加工工艺

注意：①虎钳装夹，钳口外露的高度不小于加工深度。

②往复式走刀，走刀路线如图2-1-4所示。

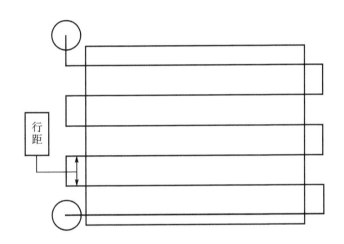

图2-1-4　走刀路线

③数控加工工序卡，见表2-1-2。

④工艺装备明细表，见表2-1-3。

表2-1-2　数控加工工序卡

工步号	工步内容	刀具号	切削用量（推荐）				备注
			主轴转速/（r/min）	进给速度/（mm/min）	切削深度/mm	切削宽度/mm	
1	铣削正面	T1	1000	300	1～5	80	
2	铣削反面	T1	1000	300	1～5	80	

表2-1-3 工艺装备明细表

零件图号	图2-1-2	数控加工工艺装备明细表		机床型号	XK714C
零件名称	方板			数控系统	FANUC
刀具表		量具表		工具表	
T1	φ80面铣刀	1	游标卡尺（0～150）	1	平口虎钳
		2	百分表（1～2）	2	垫铁
T2	φ12立铣刀	1	游标卡尺（0～150）		
		2	百分表（1～2）		

（3）零件加工程序单，见表2-1-4、表2-1-5。

表2-1-4 零件加工程序单1

程序内容	含义
方法1：φ80面铣刀加工程序	
O0001	
/T1 M6;	
G00 G90 G54 X-50 Y30 S1000 M03;	移动到下刀位置
Z2.;	接近
G01 Z-1. F100;	下刀
X150 F300;	加工
Y90;	移动行距
X-50;	加工
G00 Z2;	
G00 Z200.;	
G91 G28 Y0 M30;	程序结束
%	

表2-1-5　零件加工程序单2

程序内容	含义
方法2：ϕ12立铣刀加工程序	
O0001	主程序
/T1 M6；	
G00 G90 G54 X−12 Y0 S1000 M03；	移动到下刀位置
Z2.；	接近
G01 Z−1. F100；	下刀
M98 P100002；	调用O0002子程序10次
G00 Z2；	
G00 Z200.；	抬刀
G91 G28 Y0 M30；	程序结束
%	
O0002	子程序
G91 G01 X124 F300；	增量方式编程走刀加工
Y10；	移动行距
X−124；	走刀
Y10；	移动行距
M99；	子程序结束
%	

3. 零件检查

（1）厚度尺寸（10±0.05）mm用（150×0.02）mm游标卡尺检测。

（2）平面度0.05 mm用0～1 mm百分表检测。

4. 填写记录

记录检测结果，交接确认；保养机床，填写设备日常保养记录卡。

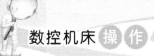

六、实训内容

（1）编程知识学习。

（2）工艺分析及编程。

（3）零件加工。

（4）零件检查。

（5）填写记录。

七、考核评价

教学项目过程考核评价表，见表2-1-6。

表2-1-6　任务一　一般平面加工教学项目过程考核评价表

工作任务		项目二　任务一　一般平面加工					
班级：	姓名：	学号：	指导教师：		日期：		
考核项目	考核标准	考核依据	考核方式		权重	得分小计
			小组考核	学校考核		
			30%	70%		
职业素质	1. 遵守学校管理规定及劳动纪律（5分） 2. 能积极主动地完成学习及工作任务（5分） 3. 能比较全面地提出需要学习和解决的问题（6分） 4. 工具的规范使用，工作环境整洁（7分） 5. 严格遵守安全生产规范（7分）	1. 教学日志 2. 课堂记录 3. 工作现场 4. 6S管理标准			30%	
专业能力	1. 能够熟练进行虎钳的找正（10分） 2. 具有进行一般平面加工及检测的能力（20分） 3. 学会使用调用子程序增量加工平面的方法（20分） 4. 能进行加工参数的调整（20分）	1. 虎钳的找正方法 2. 一般平面加工及检测方法 3. 子程序格式 4. 零件图 5. 程序清单 6. 调试记录			70%	
指导教师综合评价	总分：					
	（签章）					

八、思考与练习

（1）将加工过程中出现的问题记录下来，分析问题并写出改进措施。

（2）通过查资料，请找出影响平面度及尺寸精度的因素有哪些？

一、任务教学课时

任务二教学课时为35学时。

二、任务目标

（1）能够进行零件的加工工艺分析及手动编程。

（2）能进行台阶面零件的装夹及测量。

（3）学会刀具长度补偿的应用。

（4）能进行加工参数的调整。

三、任务实施设备条件

任务实施所需设备见表2-2-1。

表2-2-1　任务实施设备条件

序号	设备等名称	设备等条件
1	设　备	FANUC系统XK714C型
2	刀　具	ϕ10立铣刀、ϕ20立铣刀
3	量　具	游标卡尺（0～150）、深度千分尺（25～50）、千分尺（25～50）
4	工具、辅具	平口虎钳、垫铁
5	加工材料	45#钢

在师傅的指导下成功地加工完平面零件后，接下来小王要独立进行台阶面的铣削了。图2-2-1为零件图。

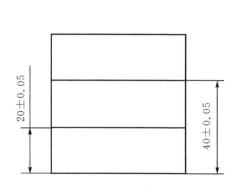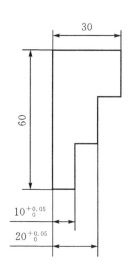

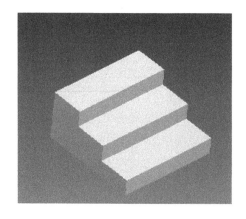

图2-2-1　零件图

五、相关知识概述

1.编程知识

编程知识学习，见图2-2-2。

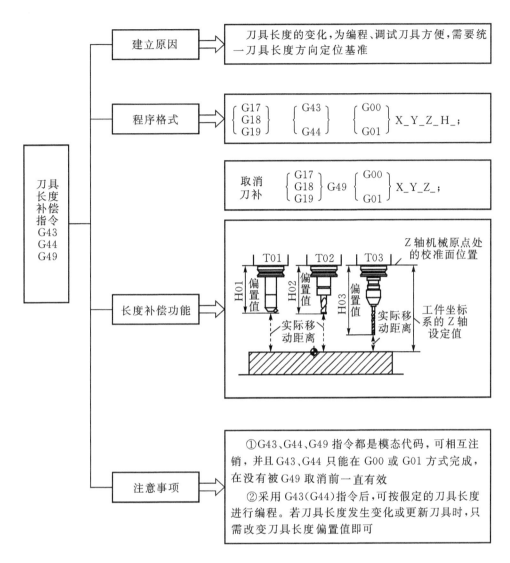

图2-2-2 编程知识学习

2. 工艺分析及编程

（1）零件图样分析。如图2-2-1所示，第一层台阶尺寸：$20^{+0.05}_{0}$ mm，（40±0.05）mm；第二层台阶尺寸：$10^{+0.05}_{0}$ mm，（20±0.05）mm。

注意：①外形已经加工完成。

②两层台阶分步加工。

③零件余量较大，粗、精铣分开进行。

（2）制定加工工艺，见图2-2-3。

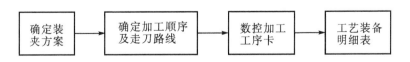

图2-2-3 制定加工工艺

注意：①虎钳装夹，钳口外露的高度不小于加工深度。

②逐层去除余量，先粗铣后精铣加工。

③数控加工工序卡，见表2-2-2。

④工艺装备明细表，见表2-2-3。

表2-2-2　数控加工工序卡

工步号	工步内容	刀具号	切削用量（推荐）				备注
			主轴转速/（r/min）	进给速度/（mm/min）	切削深度/mm	切削宽度/mm	
1	粗铣去除余量	T1	450	50	10	20	
2	精铣保证尺寸	T2	800	150	10	0.5	

表2-2-3　工艺装备明细表

零件图号	图2-2-1	数控加工工艺装备明细表		机床型号	XK714C
零件名称	台阶块			数控系统	FANUC
刀具表		量具表		工具表	
T1	φ20立铣刀	1	游标卡尺（0～150）	1	平口虎钳
T2	φ10立铣刀	2	千分尺（25～50）	2	垫铁
		3	深度千分尺（0～25）		

（3）零件加工程序单，见2-2-4。

表2-2-4　零件加工程序单

程序内容	含义
O1200	
T1 M6;	
G90 G54 G0 X60. Y−15. S450 M03;	
G43 H1 Z100. M08;	调用1号刀具长度补偿
Z2.;	
G1 Z−10. F100;	
Y60. F50;	
X72.;	

程序内容	含义
Y-15;	
X30.5;	
Y60	
Z2. F2000;	
G0 G49 Z200. M09;	
M05;	
M00;	
T2 M6;	
G90 G54 G0 X30 Y-10. S800 M03;	
G43 H2 Z100. M08;	调用2号刀具长度补偿
Z-8.;	
G1 Z-10. F50;	
Y0. F150;	
Y60.;	
Y70.;	
Z-8. F2000;	
G0 Z100.;	
X50 Y-10.;	
G43 H2 Z100. M08;	
Z-8.;	
G1 Z-10. F50;	
Y60. F150;	
Y70.;	
Z-8. F2000;	
G0 G49 Z200.;	
M30;	
%	

3. 零件检查

量具：（150×0.02）mm游标卡尺，（150×0.02）mm深度尺。

4. 填写记录

记录检测结果，交接确认；保养机床，填写设备日常保养记录卡。

六、实训内容

（1）编程知识学习。

（2）工艺分析及编程。

（3）零件加工。

（4）零件检查。

（5）填写记录。

七、考核评价

教学项目过程考核评价表，见表2-2-5。

表2-2-5　任务二　台阶面的加工教学项目过程考核评价表

工作任务		项目二　任务二　台阶面的加工				
班级：　　　姓名：　　　学号：　　　指导教师：　　　日期：						
考核项目	考核标准	考核依据	考核方式		权重	得分小计
			小组考核	学校考核		
			30%	70%		
职业素质	1. 遵守学校管理规定及劳动纪律（5分） 2. 能积极主动地完成学习及工作任务（5分） 3. 能比较全面地提出需要学习和解决的问题（6分） 4. 工具的规范使用，工作环境整洁（7分） 5. 严格遵守安全生产规范（7分）	1. 教学日志 2. 课堂记录 3. 工作现场 4.6S管理标准			30%	

续表

考核项目	考核标准	考核依据	考核方式 小组考核 30%	考核方式 学校考核 70%	权重	得分小计
专业能力	1. 能用刀具中心计算编程，简述偏置加工的原理（10分） 2. 能写出刀具长度补偿的指令格式并判断补偿的方向（10分） 3. 能进行零件的加工工艺分析（10分） 4. 能根据图纸加工位置正确装夹工件（10分） 5. 能根据图纸要求对零件进行正确测量（10分） 6. 能根据零件加工要求进行手工编程（10分） 7. 能根据零件加工要求，进行加工参数的调整（10分）	1. 刀具长度补偿指令格式 2. 计算机补正编程方法 3. 偏置调整原理及方法 4. 零件图 5. 程序清单 6. 调试记录 7. 测量工具使用			70%	
指导教师综合评价	总分：			（签章）		

八、思考与练习

（1）将加工过程中出现的问题记录下来，并分析问题写出改进措施。

（2）通过查资料，请找出影响平行度、垂直度及尺寸精度的因素有哪些。

（3）加工如图2-2-4所示零件的上表面及台阶面（单件生产）。毛坯为40 mm×40 mm×23 mm的长方块（其余表面已加工），材料为45#钢。

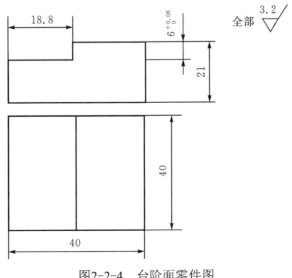

图2-2-4　台阶面零件图

项目三

轮廓零件的加工

一、项目教学课时

项目三教学课时分配见表3-0-1。

表3-0-1　项目三教学课时

项目三　轮廓零件的加工	学　时
任务一　外轮廓加工	35
任务二　内轮廓加工	35
合　计	70

二、项目实施目标

（1）能正确选择并使用工量具。

（2）能在数控机床上进行简单外形零件的编程及加工。

（3）能对加工中易出现的问题进行分析并找出解决方法。

（4）能进行多把刀具的使用及调整。

一、任务教学课时

任务一教学课时为35学时。

二、任务目标

（1）能够进行零件的工艺分析及手动编程。

（2）学会极坐标的使用。

（3）能熟练运用刀具补偿功能。

（4）能进行加工参数的调整。

三、任务实施设备条件

任务实施所需设备见表3-1-1。

表3-1-1　任务实施设备条件

序号	设备等名称	设备等条件
1	设　备	FANUC系统XK714C型
2	刀　具	ϕ10立铣刀、ϕ20立铣刀
3	量　具	游标卡尺（0~150）、深度千分尺（25~50）、千分尺（25~50）
4	工具、辅具	垫铁、平口虎钳
5	加工材料	45#钢

四、工作情境描述

图3-1-1为五边形零件图。

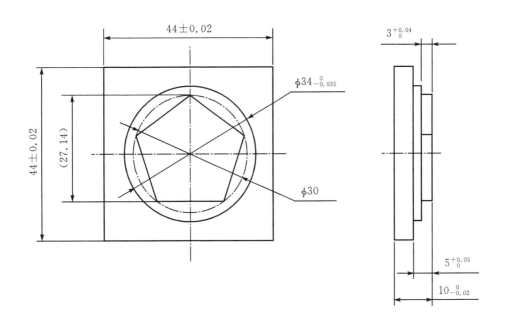

图3-1-1　五边形

五、相关知识概述

1. 编程知识学习

（1）极坐标指令，见图3-1-2。

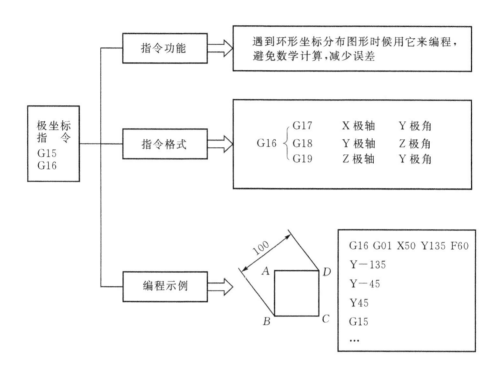

图3-1-2　极坐标指令

（2）刀具半径功能补偿指令，见图3-1-3。

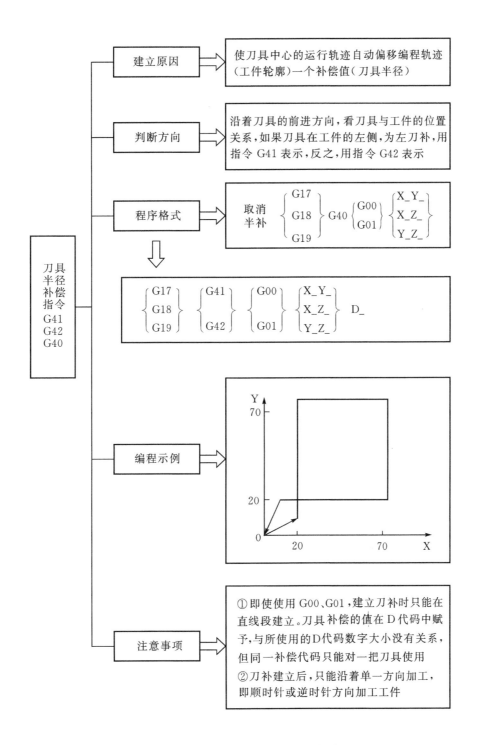

图3-1-3　刀具半径功能补偿指令

（3）编程示例程序，见表3-1-2。

表3-1-2 编程示例

程序内容	含义
N0010 G54 S1000 M03;	建立编程坐标
N0020 G90 G00 X0 Y0;	快速移动至起始点
N0030 G41 X20 Y10 D01;	建立刀具半径补偿
N0040 G01 Y70 F100;	
N0050 X70;	
N0060 Y20;	
N0070 X10;	
N0080 G40 G00 X0 Y0;	取消刀具半径补偿
N0090 M02;	程序结束

2. 工艺分析及编程

（1）零件图样分析：该零件属于简单的平面外形加工零件，毛坯尺寸为44 mm×44 mm×10 mm，毛坯已经加工到外形尺寸，所以主要考虑两层台阶的加工，见图3-1-1。

注意：①对图样上给定的外形和深度方向的尺寸公差为对称公差，故不必考虑编程容差的问题，直接取基本尺寸即可。

②零件呈环形阵列分布，这类零件工件坐标系原点应设在工件圆心或者旋转中心，这样才能保证基准统一和便于计算调整尺寸，Z向则应取工件的上表面。

③圆和多边形都为跨象限图形，遇到此类零件图形的时候一定要考虑到机床定位精度的影响，要控制好精铣的余量或者将机床的反向间隙调小。

（2）制定加工工艺，见图3-1-4。

图3-1-4 制定加工工艺

注意：①虎钳装夹，钳口外露的高度不小于加工深度。

②加工顺序按先粗后精、由浅到深的原则确定。用大刀去除大部分余量，再用小刀做粗精铣。由A点建立刀补加工五边形，回到B点后取消刀补再返回到G点；在M点建立刀补后做R17圆弧切入P点，加工全圆回到P点，再圆弧切出取消刀补回到N点。走刀路线如图3-1-5所示。

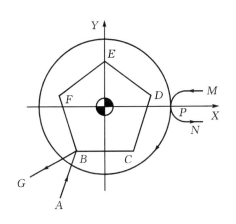

图3-1-5　走刀路线

③数控加工工序卡，见表3-1-3。

④工艺装备明细表，见表3-1-4。

表3-1-3　数控加工工序卡

工步号	工步内容	刀具号	切削用量（推荐）				备注
			主轴转速/（r/min）	进给速度/（mm/min）	切削深度/mm	切削宽度/mm	
1	粗铣五边形	T1	400	80	3	16	
2	粗铣φ34外圆	T1	400	80	3	16	
3	精铣五边形	T2	800	100	3	0.5	
4	精铣φ34外圆	T2	800	100	3	0.5	

表3-1-4　工艺装备明细表

零件图号	图3-1-1	数控加工工艺装备明细表		机床型号	XK714C
零件名称	五边形			数控系统	FANUC
刀具表		量具表		工具表	
T1	φ20立铣刀	1	游标卡尺（0～150）	1	平口虎钳
T2	φ10立铣刀	2	千分尺（25～50）	2	垫铁
		3	深度千分尺（25～50）		

（3）零件加工程序单（直角坐标系），见表3-1-5。

表3-1-5 零件加工程序单

程序内容	含义
O0001	
/T1 M6；	
G00 G90 G54 X−15 Y−60 S400 M03；	移动到A点
G43 H1 Z50.；	建立长补
Z2.；	接近
G01 Z−3.F20；	下刀
G41 D1 X−8.817 Y−12.135 F80；	建立半补到B点
X−14.266 Y4.635；	
X0.Y15.；	
X14.266 Y4.635；	
X8.817 Y−12.135；	
X−8.817；	
G40 X−33. Y−24.；	取消半补至A点
G00 Z10.；	
X37. Y10.；	移动到M
G01 Z−5. F20；	下刀
G41 D1 X27. F80；	
G03 X17. Y0. R10.；	圆弧切入到D点，半径为R10
G02 I−17.；	
G03 X27. Y−10. R10.；	圆弧切出
G01 G40 X37.；	取消半补至N点
G00 Z50；	
G49 Z200. M05；	取消长补，主轴停止
M00；	

续表

程序内容	含义
/T2 M6；	精加工
G00 G90 G54 X−15 Y−60 S800 M03；	
G43 H2 Z50.；	
Z2.；	
G01 Z−3. F20；	
G41 D2 X−8.817 Y−12.135 F100；	
X−14.266 Y4.635；	
X0. Y15.；	
X14.266 Y4.635；	
X8.817 Y−12.135；	
X−8.817；	
G40 X−33. Y−24；	
G00 Z10.；	
X37. Y10.；	
G01 Z−5. F20；	
G41 D2 X27. F100；	
G03 X17. Y0. R10.；	
G02 I−17.；	
G03 X27. Y−10. R10.；	
G01 G40 X37.；	
G00 Z50.；	
G00 G49 Z200.；	
G91 G28 Y0 M30；	程序结束

（4）极坐标系的加工程序，见表3-1-6。

表3-1-6 极坐标系的加工程序

程序内容	含义
O0001	
/T1 M6；	
G00 G90 G54 X−15 Y−60 S400 M03；	移动到A点
G43 H1 Z50.；	建立长补
Z2.；	接近
G01 Z−3. F20；	下刀
G16 G42 D1 X15 Y−126 F80；	极坐标方式建立半补到B点
Y−54；	到C点
Y18；	
Y90；	
Y162；	
G15 G40 X−33. Y−24.；	取消半补至G点
G00 Z10.；	
X37. Y10.；	移动到M
G01 Z−5. F20；	
G41 D1 X27. F80；	
G03 X17. Y0. R10.；	圆弧切入
G02 I−17.；	
G03 X27. Y−10. R10.；	圆弧切出
G01 G40 X37.；	半补取消
G00 Z50；	
G49 Z200. M05；	取消长补，主轴停止
M00；	
/T2 M6；	精加工

续表

程序内容	含义
G00 G90 G54 X−15 Y−60 S800 M03;	
G43 H2 Z50.;	
Z2.;	
G01 Z−3. F20;	
G16 G42 D2 X15 Y−126 F80;	（以下同上）
Y−54;	
Y18;	
Y90;	
Y162;	
G15 G40 X−33. Y−24.;	
G01 Z3.;	
G00 X37. Y10.;	
G01 Z−5. F20;	
G41 D2 X27. F100;	
G03 X17. Y0. R10.;	
G02 I−17.;	
G03 X27. Y−10. R10.;	
G01 G40 X37.;	
G00 Z50.;	
G00 G49 Z200.;	
G91 G28 Y0 M30;	程序结束

3. 零件检查

按零件图检测。

4. 填写记录

记录检测结果，交接确认；保养机床，填写设备日常保养记录卡。

六、实训内容

（1）编程知识学习。

①极坐标指令：G15，G16。

②刀具半功能径补偿指令：G41，G42，G40。

（2）工艺分析及编程。

（3）零件加工。

（4）零件检查。

（5）填写记录。

七、考核评价

教学项目过程考核评价表，见表3-1-7。

表3-1-7　任务一　外轮廓加工教学项目过程考核评价表

工作任务			项目三　任务一　外轮廓加工				
班级：		姓名：	学号：	指导教师：		日期：	
考核项目	考核标准		考核依据	考核方式		权重	得分小计
				小组考核	学校考核		
				30%	70%		
职业素质	1. 遵守学校管理规定及劳动纪律（5分） 2. 能积极主动地完成学习及工作任务（5分） 3. 能比较全面地提出需要学习和解决的问题（6分） 4. 工具的规范使用，工作环境整洁（7分） 5. 严格遵守安全生产规范（7分）		1. 教学日志 2. 课堂记录 3. 工作现场 4. 6S管理标准			30%	

续表

考核项目	考核标准	考核依据	考核方式		权重	得分小计
			小组考核	学校考核		
			30%	70%		
专业能力	1. 会用极坐标进行编程（10分） 2. 能写出刀具半径补偿的指令及补偿的过程（20分） 3. 能写出刀具半径补偿的指令格式并判断补偿的方向（10分） 4. 能根据图纸加工位置正确装夹工件（10分） 5. 能根据零件加工要求进行手工编程（10分） 6. 能根据零件加工要求正确处理加工参数（10分）	1. 极坐标编程格式 2. 刀具半径补偿指令格式及判断方向 3. 零件图 4. 程序清单 5. 调试记录			70%	
指导教师综合评价	总分：	（签章）				

八、思考与练习

（1）叙述出刀具半径补偿的过程。

（2）编写如图3-1-6所示零件的精加工程序，编程原点建在左下角的上表面，用左刀补。

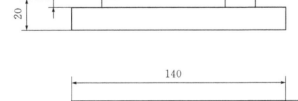

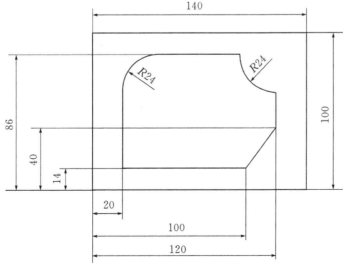

图3-1-6 外轮廓铣削练习

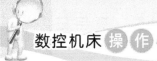

任务二 内轮廓加工

一、任务教学课时

任务二教学课时为35学时。

二、任务目标

（1）能合理确定内轮廓的加工顺序，进行工艺设计。

（2）会对圆盘类零件进行装夹、找正。

（3）会使用倒角和倒圆角口令功能。

（4）能进行台阶面与槽型零件加工参数的调整。

三、任务实施设备条件

任务实施所需设备见表3-2-1。

表3-2-1　任务实施设备条件

序号	设备等名称	设备等条件
1	设　备	FANUC系统XK714C型
2	刀　具	φ10立铣刀、φ18立铣刀
3	量　具	游标卡尺（0～150）、深度卡尺（0～150）、千分尺（25～50）
4	工具、辅具	垫铁、三爪卡盘
5	加工材料	45#钢

四、工作情境描述

这天，小王在车间看到一些型腔类的零件，想到外轮廓可以加工了，那么内轮廓和多余的残余材料如何去除呢？于是小王去请教老师，老师给他进行了讲解。图3-2-1为圆底槽零件图。

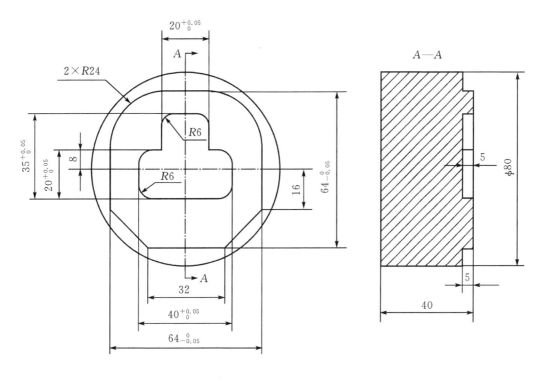

图3-2-1　圆底槽

五、相关知识概述

1. 编程知识学习

编程知识学习，见图3-2-2。

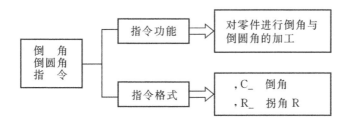

图3-2-2　编程知识学习

（1）倒角。紧跟C的数值指定从假想拐角交点起点到终点的距离，所谓假想拐角就是不进行倒角时假设存在的拐角。示例如图3-2-3所示。

G91 G01 X100.0，C10.0；

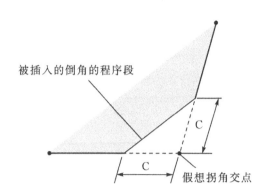

图3-2-3 倒角指令示例

（2）倒圆角。紧跟在R后的数值指定拐角R的半径。示例如图3-2-4所示。

G91 G01 X100.0，R10.0；

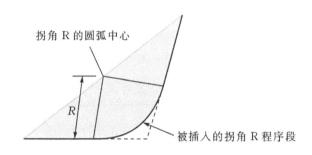

图3-2-4 倒圆角指令示例

（3）编程示例，如图3-2-5所示。

N001 G54 G90 X0 Y0；

N002 G01 X10.0 Y10.0 F100；

N003 G01 X50.0 F50.0 ，C5.0；

N004 Y25.0 ，R8.0；

N005 G03 X80.0 Y55.0 R30.0 ，R8.0；

N006 G01 X50.0 ，R8.0；

N007 Y70.0 ，C5.0；

N008 X10.0 ，C5.0；

N009 Y10.0；

N010 G00 X0 Y0；

N011 M02；

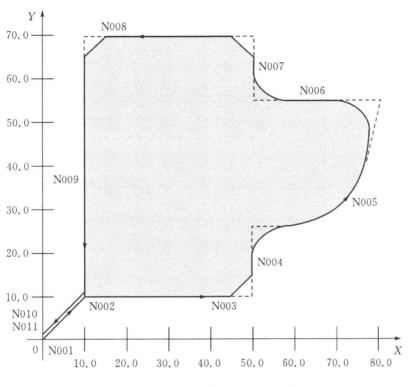

图3-2-5　倒角、倒圆角编程示例

2. 工艺分析及编程

（1）零件图样分析：主要考虑外形与槽的加工。注意外轮廓的对称控制，槽形余量控制和精度控制。

（2）制定加工工艺，见图3-2-6。机床为XK714数控铣床，数控系统为FANUC系统。

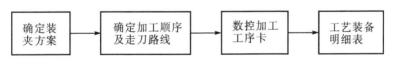

图3-2-6　制定加工工艺

注意：①采用三爪卡盘装夹，装夹时注意卡爪是否垂直。

②加工顺序：此零件加工部位为凸台和槽。凸台加工余量较小，采用$\phi18$ mm平底刀一次性完成加工。槽加工由于槽宽为20 mm，故可先用$\phi18$ mm平底刀去余量，再用$\phi10$ mm平底刀（由R6圆弧决定刀具）完成精加工。

③零点位置：零点设在零件上表面与其轴线的交点处。

④数控加工工序卡，见表3-2-2。

⑤工艺装备明细表，见表3-2-3。

表3-2-2　数控加工工序卡

工步号	工步内容	刀具号	切削用量（推荐）				备注
			主轴转速/（r/min）	进给速度/（mm/min）	切削深度/mm	切削宽度/mm	
1	槽粗加工	T1	400	100			
2	凸台加工	T2	600	100			
3	槽精加工	T3	800	50			

表3-2-3　工艺装备明细表

零件图号	图3-2-1	数控加工工艺装备明细表			机床型号	XK714C
零件名称	圆底槽				数控系统	FANUC
刀具表		量具表		工具表		
T1	ϕ18立铣刀	1	游标卡尺（0～150）	1	三爪卡盘	
T2	ϕ18立铣刀	2	千分尺（25～50）	2	垫铁	
T3	ϕ10立铣刀	3	深度卡尺（0～150）			

3. 零件加工程序单

零件加工程序见表3-2-4。

表3-2-4　零件加工程序单

程序内容	含义
O0002	槽粗加工
/T1；	ϕ18 mm平底刀
G90 G54 G0 X－10. Y－2. S400 M03；	
G0 H1 Z50；	起始点，H1为刀长补偿号
Z2；	安全点
G1 Z－5. F40；	垂直下刀
X10 F100；	
X0；	
Y13；	

续表

程序内容	含义
G0 Z50. M5;	
M1;	
/T2;	φ18 mm平底刀凸台加工
G90 G54 G0 X0 Y-50 S600 M03;	下刀点X0 Y-50.应在零件实体以外
G43 H2 Z50.;	
Z10;	
G1 Z-5. F50;	
G41 X10. Y-42. D1 F100;	D1为刀具半径补偿号，刀补值9.2
G3 X0 Y-32. R10;	圆弧切入
G1 X-16.;	
X-32. Y-16.;	
Y8;	
G2 X-8. Y32. R24.;	
G1 X8;	
G2 X32. Y8. R24;	
G1 Y-16;	
X16.Y-32.;	
X0;	
G3 X-10. Y-42. R10.;	
G1 G40 X0 Y-50;	圆弧切出
G0 Z50. M5;	取消刀具半径补偿
M1;	计划停止，调整D1值，继续加工至尺寸
O0002	槽半精加工

程序内容	含义
/T3；	ϕ10平底刀
G90 G54 G0 X0 Y17.S800 M03；	
G43 Z50. H3；	
Z10；	
D2 M98 P1001；	D2粗刀补为5.2
D22 M98 P1001；	D22精刀补为5.0，实测调整
G0 Z50；	
G49 Z200；	
M30；	
O1001	槽精加工子程序
G1 Z−5. F50；	
G1 G41 X6.；	
G3 X0 Y23. R6；	
G1 X−4；	
G3 X−10. Y17. R6；	
G1 Y8；	
X−14.；	
G3 X−20. Y2. R6；	
G1 Y−6；	
G3 X−14. Y−12. R6；	
G1 X14；	
G3 X20. Y−6. R6；	
G1 Y2；	

续表

程序内容	含义
G3 X14. Y8. R6;	
G1 X10;	
Y17;	
G3 X4. Y23. R6;	
G1 X0;	
G3 X-6. Y17. R6;	
G1 G40 X0;	
M02;	

4. 零件检查

按零件图检测。

5. 记录结果

记录检测结果，交接确认；保养机床，填写设备日常保养记录卡。

六、实训内容

（1）编程知识学习。

①倒角。

②倒圆角。

③编程示例。

（2）工艺分析及编程。

①零件图样分析：主要考虑槽相对于外圆轮廓的对称控制以及槽形余量控制和精度控制。

②制定加工工艺。

（3）零件加工程序单。

（4）零件加工。

（5）零件检查。

（6）记录结果。

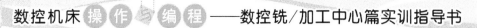

七、考核评价

教学项目过程考核评价表，见表3-2-5。

表3-2-5 任务二 内轮廓加工教学项目过程考核评价表

工作任务		项目三 任务二 内轮廓加工					
班级:	姓名:	学号:	指导教师:		日期:		
考核项目	考核标准	考核依据	考核方式		权重	得分小计	
			小组考核	学校考核			
			30%	70%			
职业素质	1. 遵守学校管理规定及劳动纪律（5分） 2. 能积极主动地完成学习及工作任务（5分） 3. 能比较全面地提出需要学习和解决的问题（6分） 4. 工具的规范使用，工作环境整洁（7分） 5. 严格遵守安全生产规范（7分）	1. 教学日志 2. 课堂记录 3. 工作现场 4. 6S管理标准			30%		
专业能力	1. 会用倒角、倒圆角指令（10分） 2. M01指令的格式及在程序使用过程的意义（10分） 3. 能写出刀具半径补偿的指令格式并判断补偿的方向（10分） 4. 能根据图纸加工位置正确装夹工件（10分） 5. 能根据零件加工要求确定走刀路线，进行手工编程（20分） 6. 能根据零件加工要求正确处理加工参数（10分）	1. 倒角、倒圆角编程格式 2. M01指令的使用 3. 刀具半径补偿指令格式 4. 零件图 5. 程序清单 6. 调试记录			70%		
指导教师综合评价	总分:			（签章）			

八、思考与练习

（1）试用倒圆角和倒角口令加工任务二图形（见图3-2-1），并写出程序。

（2）在任务二程序中调用M01的意义何在，取消可以吗？为什么？

（3）采用立铣刀加工内轮廓时，如何进行Z向进刀？

（4）如图3-2-7所示工件，毛坯尺寸为90 mm×80 mm×15 mm，试编写该零件的加工程序，并进行加工。

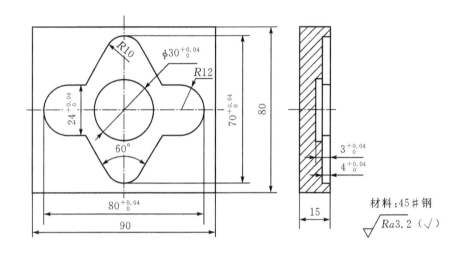

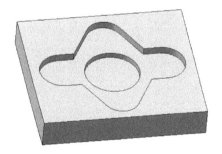

图3-2-7　内轮廓铣削练习

项目四

孔系加工

一、项目教学课时

项目四教学课时分配见表4-0-1。

表4-0-1　项目教学课时

项目四　孔系加工	学　时
任务一　钻、扩、锪孔加工	30
任务二　铰孔与镗孔加工	30
任务三　攻螺纹与铣螺纹加工	30
合　计	90

二、项目实施目标

（1）孔加工的工艺设计能力。

（2）能在数控铣床上进行钻孔、镗孔、锪孔、铰孔等孔的编程与加工。

（3）能在数控铣床上进行螺纹的编程与加工。

（4）能正确对孔进行测量。

（5）能进行多把刀具的使用及调整。

一、任务教学课时

任务一教学课时为30学时。

二、任务目标

（1）学会钻孔与锪孔固定循环指令的应用。

（2）能合理选择孔加工方法。

（3）能合理确定孔加工路线。

（4）能准确选择孔加工刀具。

三、任务实施设备条件

任务实施所需设备见表4-1-1。

表4-1-1　任务实施设备条件

序号	设备等名称	设备等条件
1	设　备	FANUC系统TH7650型
2	刀　具	A3中心钻、φ12麻花钻、锥柄锪钻、φ16扩孔钻
3	量　具	游标卡尺（0～150）、内径千分尺（0～25）
4	工具、辅具	压板、垫铁
5	加工材料	45#钢

四、工作情境描述

　　车间有少量毛坯闲置，师傅收集了起来，作为小王的练习件。师傅主要教他如何应用固定循环指令来编程，加工孔系。同时还带小王去了工具室，见识了很多孔加工的刀具。图4-1-1为孔加工零件外形图。

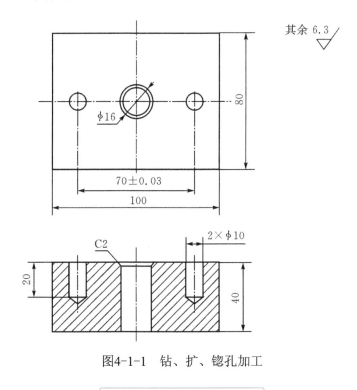

图4-1-1　钻、扩、锪孔加工

五、相关知识概述

1. 编程知识学习

　　（1）孔加工的固定循环功能：一般来说，孔加工循环由6个动作组成，如图4-1-2所示（实线为切削进给，虚线为快速进给）。

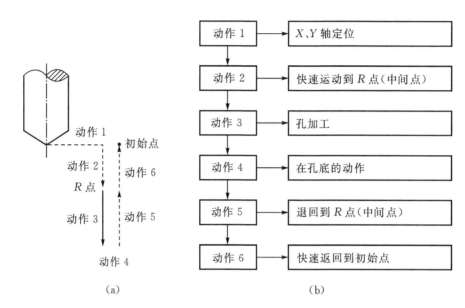

（a） （b）

图4-1-2 固定循环动作

固定循环的程序格式：G98（G99）G__X__Y__Z__R__Q__P__F__K__；

G98/G99——返回点平面G代码；

G98——返回初始平面；

G99——返回R点平面。

第二个G代码为孔加工方式，见表4-1-2。

表4-1-2 FANUC 0i系统固定循环指令

G代码	功　能	钻孔动作	孔底动作	退刀动作
G73	高速深孔钻削循环	间歇进给		快速移动
G74	左旋攻丝循环	切削进给	主轴正转	切削进给
G76	精镗循环	切削进给	主轴定向停止、刀具移位	快速移动
G80	撤销固定循环			
G81	钻孔循环	切削进给		快速移动
G82	锪钻孔、镗孔	切削进给	暂停	快速移动
G83	深孔钻循环	间歇进给		快速移动
G84	右旋攻丝循环	切削进给	主轴反转	切削进给
G85	镗孔循环	切削进给		切削进给
G86	镗孔循环	切削进给	主轴停止	快速移动
G87	反镗循环	切削进给	主轴正转	快速移动

G代码	功　能	钻孔动作	孔底动作	退刀动作
G88	镗孔循环	切削进给	暂停、主轴正转	手动移动
G89	镗孔循环	切削进给	暂停	切削进给

（2）钻孔固定循环指令，见图4-1-3、图4-1-4、图4-1-5和图4-1-6。

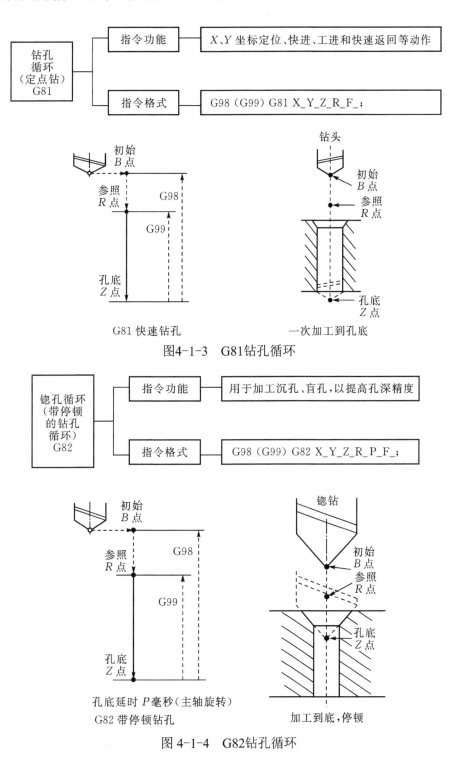

图4-1-3　G81钻孔循环

图 4-1-4　G82钻孔循环

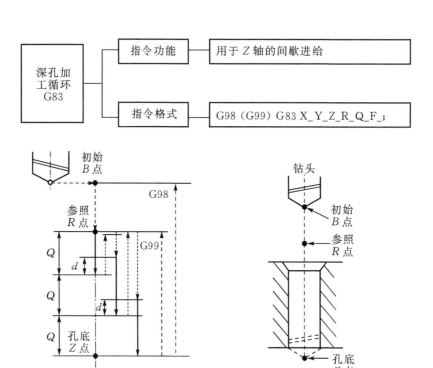

图 4-1-5　G83深孔钻循环

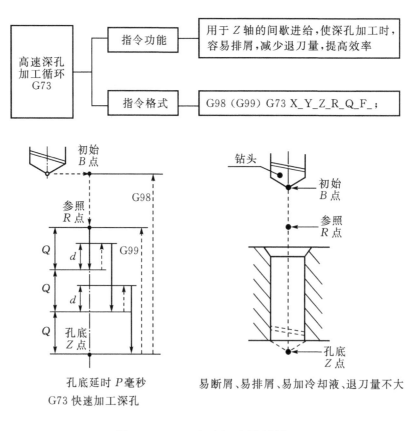

图4-1-6　G73高速深孔钻削循环

取消固定循环G80：同时R点和Z点也被取消，也可用G00和G01。

2. 工艺分析及编程

（1）零件图样分析：材料HT150，单件加工，本工序在数控铣床上完成三个孔的加工。

（2）制定加工工艺，见图4-1-7。

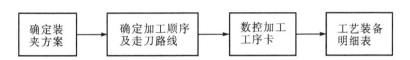

图4-1-7　制定加工工艺

注意：①虎钳装夹，钳口外露的高度不小于加工深度。

②加工顺序：打中心孔—钻ϕ12 mm孔—扩ϕ16 mm孔—锪锥孔。

③数控加工工序卡，见表4-1-3。

④工艺装备明细表，见表4-1-4。

表4-1-3　数控加工工序卡

工步号	工步内容	刀具号	切削用量（推荐）			备注
			主轴转速/（r/min）	进给速度/（mm/min）	背吃刀量/mm	
1	中心钻定位	T01	2000	50	1.5	
2	钻3个孔	T02	800	100	5	
3	扩孔	T03	600	200	3	
4	锪孔	T04	300	50		

表4-1-4　工艺装备明细表

零件图号		图4-1-1	数控加工工艺装备明细表		机床型号	TH7650
零件名称					数控系统	FANUC
刀具表			量具表		工具表	
T01	A3中心钻		1	游标卡尺（0～150）	1	平口虎钳
T02	ϕ10麻花钻		2	内径千分尺（0～25）	2	垫铁
T03	ϕ16扩孔钻					
T04	锥柄锪钻					

3. 零件加工程序单

零件加工程序单，见表4-1-5。

注意：选择零件上表面中心作为编程原点。

表4-1-5　零件加工程序单

程序内容	含义
O0010	
M06 T01；	换中心钻
G90 G80 G54 X0 Y0 G90 G00 S2000 M03；	刀具定位至初始位置，采用较高的转速
G43 Z30 H01 M08；	初始高度30
G99 G81 Z−3 R5.0 F50；	
X−35；	中心孔定位
X35；	
G80 G49 G00 Z100 M09 M05；	取消固定循环
G91 G28 Z0；	换φ10麻花钻
M06 T02；	
G90 G43 G00 Z30 H02；	刀具定位，换转速
S800 M03 M08；	
G99 G73 X0 Y0 Z−45 R5 Q5 F100；	
X−35 Z−20；	钻加工3个孔
X35；	
G80 G49 G00 Z100 M09 M05；	取消固定循环
G91 G28 Z0；	换φ16扩孔钻
M06 T03；	
G90 G43 G00 Z30 H03；	刀具定位，换转速
S600 M03 M08；	
G81 X0 Y0 Z−45 R5 F200；	扩孔加工

续表

程序内容	含义
G80 G49 G00 Z100 M09 M05；	取消固定循环
G91 G28 Z0；	换锪孔钻
M06 T04；	
G90 G43 G00 Z30 H04；	
S300 M03 M08；	
G82 X0 Y0 Z-2 R5 P1000 F50；	锪加工锥孔，在孔底暂停1 s
G80 G49 G00 Z100 M09 M05；	
G91 G28 Z0；	
M30；	程序结束
%	

4. 零件检查

（1）单件生产该零件，采用手动换刀方式编程与加工；若批量生产该零件，则采用自动换刀方式编程与加工。

（2）孔径尺寸精度较低时，可采用钢直尺、内卡钳或游标卡尺测量；精度要求较高时，可用内径千分尺或内径量表测量；标准孔还可以采用塞规、针规测量。

5. 记录结果

记录检测结果，交接确认；保养机床，填写设备日常保养记录卡。

六、实训内容

（1）编程知识学习。

①孔加工的固定循环功能：G80、G81、G82、G83、G73。

②钻孔固定循环指令。

（2）工艺分析及编程。

（3）零件加工程序单。

（4）零件加工。

（5）零件检查。

（6）记录结果。

七、考核评价

教学项目过程考核评价表，见表4-1-6。

表4-1-6 任务一 钻、扩、锪孔加工教学项目过程考核评价表

工作任务		项目四 任务一 钻、扩、锪孔加工					
班级：	姓名：	学号：	指导教师：		日期：		
考核项目	考核标准	考核依据	考核方式		权重	得分小计	
			小组考核	学校考核			
			30%	70%			
职业素质	1. 遵守学校管理规定及劳动纪律（5分） 2. 能积极主动地完成学习及工作任务（5分） 3. 能比较全面地提出需要学习和解决的问题（6分） 4. 工具的规范使用，工作环境整洁（7分） 5. 严格遵守安全生产规范（7分）	1. 教学日志 2. 课堂记录 3. 工作现场 4. 6S管理标准			30%		
专业能力	1. 能写出孔加工的六个基本动作（10分） 2. 能写出G81、G82、G83、G73、G80的指令格式并判断其刀具所处的位置（20分） 3. 能写出G98、G99指令格式（10分） 4. 能根据图纸加工位置正确装夹工件（10分） 5. 能根据零件加工要求进行手工编程（10分） 6. 能根据零件加工要求正确处理加工参数（10分）	1. 孔加工的六个基本动作 2. G81、G82、G83、G73、G80的指令格式并判断其刀具所处的位置 3. G98、G99的指令格式 4. 零件图 5. 程序清单 6. 调试记录			70%		
指导教师综合评价	总分：			（签章）			

八、思考与练习

（1）通过查资料，写出钻孔时产生误差的原因及修正措施。

（2）孔加工固定循环中的G98与G99方式有何不同？

（3）如图4-1-8所示工件，轮廓已加工成形，试编写加工中心的孔加工程序。

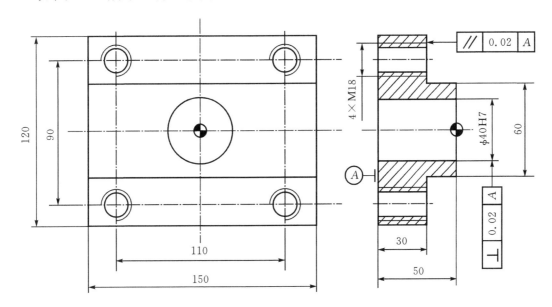

图4-1-8　钻孔与锪孔练习

一、任务教学课时

任务二教学课时为30学时。

二、任务目标

（1）能够合理地制定孔加工工艺。

（2）学会铰孔与镗孔指令的应用。

（3）能合理确定铰孔与精镗孔余量。

三、任务实施设备条件

任务实施所需设备见表4-2-1。

表4-2-1 任务实施设备条件

序号	设备等名称	设备等条件
1	设　备	FANUC系统TH7650型
2	刀　具	A3中心钻、ϕ11.8麻花钻、ϕ12铰刀、ϕ30精镗刀、ϕ16立铣刀
3	量　具	游标卡尺（0～150）、内径千分尺（0～25）、内径百分
4	工具、辅具	压板、垫铁
5	加工材料	45#钢

四、工作情境描述

学会铰孔与镗孔加工，加工如图4-2-1所示零件的孔。

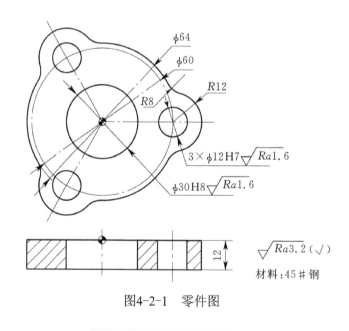

图4-2-1 零件图

五、相关知识概述

1.编程知识学习

镗孔循环指令，见图4-2-2和图4-2-3。

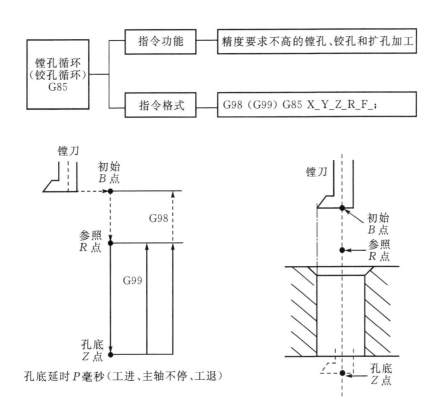

图4-2-2　G85镗孔循环

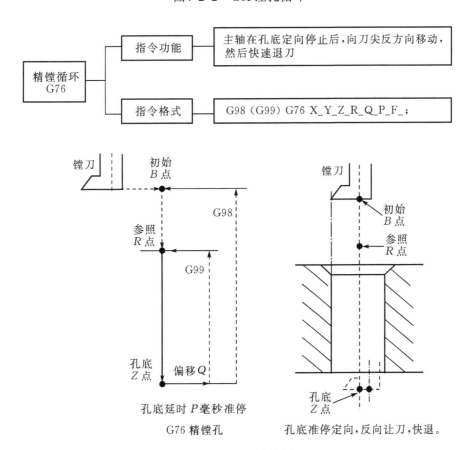

图4-2-3　G76精镗循环

2. 工艺分析及编程

（1）零件图样分析：材料45#钢，单件加工，在数控铣床上完成本工序全部孔系的加工。

（2）制定加工工艺，见图4-2-4。

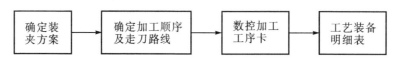

图4-2-4　制定加工工艺

注意：①虎钳装夹，钳口外露的高度不小于加工深度。

②加工顺序：打中心孔—钻 ϕ11.8 mm孔—铰 ϕ12 H7 mm孔—铣孔—精镗 ϕ30 H8 mm孔，如图4-2-5所示。

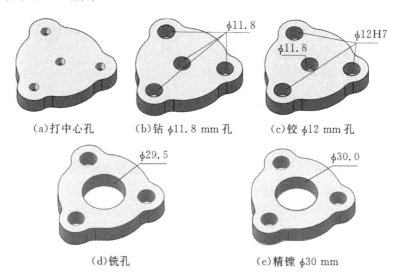

图4-2-5　孔加工顺序

③数控加工工序卡，见表4-2-2。

④工艺装备明细表，见表4-2-3。

表4-2-2　数控加工工序卡

工步号	工步内容	刀具号	切削用量（推荐）			备注
			主轴转速 /（r/min）	进给速度 /（mm/min）	背吃刀量 /mm	
1	中心钻定位	T01	2000	50	1.5	
2	钻4个孔	T02	600	100	5.9	
3	铰3个孔	T03	200	60	0.1	
4	铣孔（扩孔）	T04	600	150	5～10	
5	精镗孔	T05	1200	60	0.25	

表4-2-3　工艺装备明细表

零件图号	图4-2-1	数控加工工艺装备明细表		机床型号	TH7650
零件名称				数控系统	FANUC
刀具表		量具表		工具表	
T01	A3中心钻	1	游标卡尺（0～150）	1	压板
T02	φ11.8麻花钻	2	内径千分尺（0～25）	2	垫铁
T03	φ12铰刀	3	内径百分表		
T04	φ16立铣刀				
T05	φ30精镗刀				

3.零件加工程序单

零件加工程序单，见表4-2-4。

表4-2-4　零件加工程序单

程序内容	含义
O0020	注释
G90 G94 G80 G21 G17 G54;	程序开始部分
G91 G28 Z0;	
M06 T01;	换中心钻
G43 G00 Z30.0 H01;	刀具定位至初始平面
S2000 M03 M08;	采用较高的转速
G16 G99 G81 X0 Y0 Z-3 R5.0 F50;	极坐标编程
X30.0;	
Y120;	钻4个中心孔
Y240;	
G15 G80 M09 M05;	取消固定循环及极坐标系
G91 G28 Z0;	换φ11.8麻花钻
M06 T02;	

续表

程序内容	含义
G90 G43 G00 Z30.0 H02；	刀具定位，换转速
S600 M03 M08；	
G16 G99 G81 X0 Y0 Z−18.0 R5.0 F100；	钻加工4个孔
X30.0；	
Y120；	
Y240；	
G15 G80 M09 M05；	取消固定循环
G91 G28 Z0；	换φ12铰刀
M06 T03；	
G90 G43 G00 Z30.0 H03；	刀具定位，换转速
S200 M03 M08；	
G16 G85 X30.0 Y0 Z−16.0 R5.0 F60；	铰孔
Y120；	
Y240；	
G15 G80 M09 M05；	取消固定循环
G91 G28 Z0；	换φ16立铣刀
M06 T04；	
G90 G00 X0 Y0；	刀具定位，换转速
G43 G00 Z30.0 H04；	
S600 M03 M08；	
G01 Z0 F150；	铣孔
M98 P0100 L2；	
G91 G28 Z0；	
M06 T05；	换精镗刀

续表

程序内容	含义
G90 G43 G00 Z30.0 H05；	
S1200 M03 M08；	
G76 X0 Y0 Z-15.0 R5.0 Q1000 F60；	精镗孔
G80 M09 M05；	
G91 G28 Z0；	
M30；	程序结束
O0100；	立铣刀铣孔子程序
G91 G01 Z-7.0；	增量进给
G90 G41 G01 X-5.0 D01；	建立刀补，D01=8.25 mm
G03 X15.0 R10.0；	采用圆弧切入
G03 I-15.0；	加工整圆
G40 G01 X0 Y0；	取消刀补
M99；	返回主程序

4. 零件检查

可用内径千分尺或内径量表测量；标准孔还可以采用塞规、针规测量。

5. 记录结果

记录检测结果，交接确认；保养机床，填写设备日常保养记录卡。

六、实训内容

（1）编程知识学习。镗孔循环指令：G85、G76。

（2）工艺分析及编程。

（3）零件加工程序单。

（4）零件加工。

（5）零件检查。

（6）记录结果。

七、考核评价

教学项目过程考核评价表，见表4-2-5。

表4-2-5　任务二　铰孔与镗孔加工教学项目过程考核评价表

工作任务		项目四　任务二　铰孔与镗孔加工					
班级：	姓名：　　　　学号：		指导教师：　　　日期：				
考核项目	考核标准	考核依据	考核方式		权重	得分小计
			小组考核	学校考核		
			30%	70%		
职业素质	1. 遵守学校管理规定及劳动纪律（5分） 2. 能积极主动地完成学习及工作任务（5分） 3. 能比较全面地提出需要学习和解决的问题（6分） 4. 工具的规范使用，工作环境整洁（7分） 5. 严格遵守安全生产规范（7分）	1. 教学日志 2. 课堂记录 3. 工作现场 4. 6S管理标准			30%	
专业能力	1. 能写出G85——镗孔循环（铰孔循环）的指令格式（10分） 2. 能写出G76——精镗循环的指令格式（10分） 3. 能根据图纸要求判断各孔的加工顺序（10分） 4. 能根据图纸加工位置正确装夹工件（10分） 5. 能根据零件加工要求进行手工编程（10分） 6. 能根据零件加工要求正确处理加工参数（10分） 7. 各种测量工具的正确使用（10分）	1. G85——镗孔循环（铰孔循环）的指令格式 2. G76——精镗循环的指令格式 3. 孔的加工顺序 4. 零件图 5. 程序清单 6. 调试记录 7. 测量工具的使用			70%	
指导教师综合评价	总分： 　　　　　　　　　　（签章）					

八、思考与练习

（1）如何解决镗孔过程中镗刀杆的刚度问题和排屑问题？

（2）说出G85指令与G81指令的区别。

（3）如图4-2-6所示工件，轮廓已加工成形，试编写镗孔加工程序。

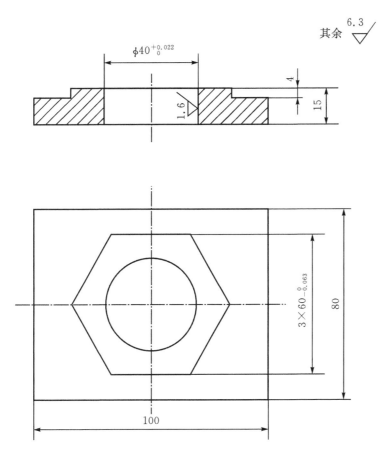

图4-2-6　镗孔练习

一、任务教学课时

任务三教学课时为30学时。

二、任务目标

（1）学会螺纹加工常用指令的应用。

（2）能选择合适的刀具攻螺纹或铣螺纹。

（3）能确定攻螺纹时底孔直径。

三、任务实施设备条件

任务实施所需设备见表4-3-1。

表4-3-1 任务实施设备条件

序号	设备等名称	设备等条件
1	设　备	FANUC系统TH7650型
2	刀　具	A3中心钻、φ10.3麻花钻、φ12麻花钻、M12丝锥、φ16立铣刀、F2螺纹铣刀
3	量　具	游标卡尺（0～150）、螺纹塞规、千分尺（0～25）
4	工具、辅具	平口虎钳、垫铁
5	加工材料	HT150

四、工作情境描述

在边学边做的过程中，小王的能力提高了不少，今天，他将独自去工具室领取刀具，将如图4-3-1所示零件的螺纹孔加工出来。

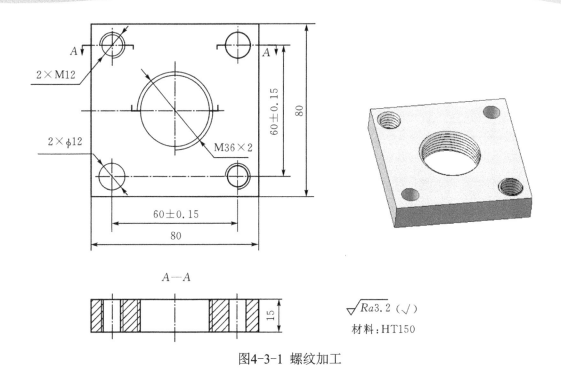

图4-3-1 螺纹加工

五、相关知识概述

1. 编程知识学习

（1）攻螺纹循环指令，见图4-3-2和图4-3-3。

```
右旋攻丝循环 G84 ─── 指令功能 ─── 攻正螺纹,主轴正转攻丝,到孔底时主轴停止旋转,主轴反转退回
                 └── 指令格式 ─── G98（G99）G84 X_Y_Z_R_P_F_;
```

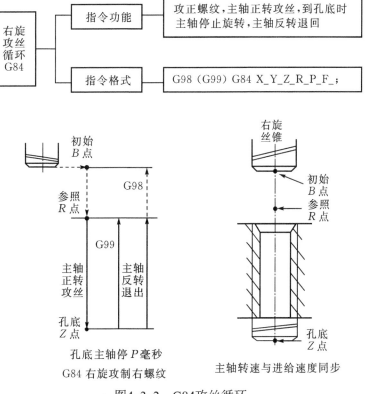

图4-3-2 G84攻丝循环

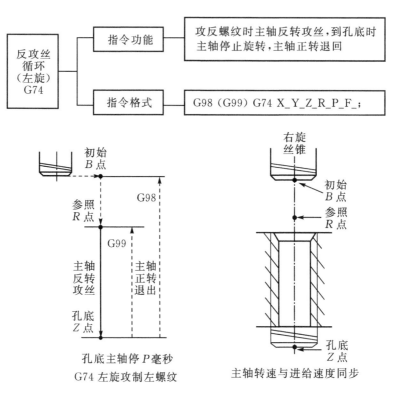

图4-3-3　G74反攻丝循环

（2）攻螺纹前的工艺要点，见表4-3-2。

表4-3-2　攻螺纹前的工艺要点

底孔孔径D_1	加工钢件和塑性较大的材料：$D_1 \approx D - P$	D为螺纹大径；
	加工铸件和塑性较小的材料：$D_1 \approx D - 1.05P$	
攻制盲孔螺纹底孔深度	约等于螺纹的有效长度加0.70 mm	D_1为攻螺纹前孔径；
孔口倒角	钻孔或扩孔至最大极限尺寸后，在孔口倒角，直径应大于螺纹大径	P为螺距

（3）铣螺纹，见图4-3-4。

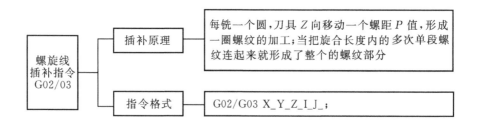

图4-3-4　铣螺纹

（4）螺旋线插补原理，见图4-3-5。

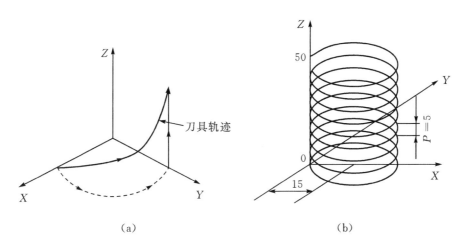

图4-3-5　螺旋线插补原理

2. 工艺分析及编程

（1）零件图样分析：遵循基准重合原则，并便于加工，工件坐标系原点设在工件上表面中心处。

（2）制定加工工艺，见图4-3-6。

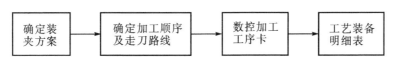

图4-3-6　制定加工工艺

注意：①虎钳装夹，钳口外露的高度不小于加工深度。因为是通孔加工，注意垫铁的放置位置。

②加工顺序：钻中心孔—钻孔—扩孔—攻螺纹—铣孔—铣螺纹，如图4-3-7所示。

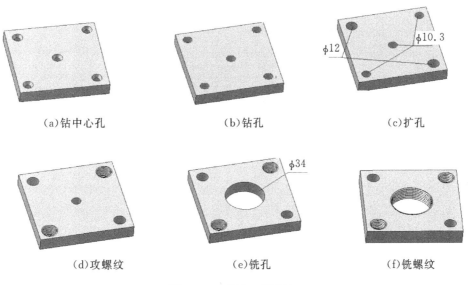

图4-3-7　孔加工顺序

091

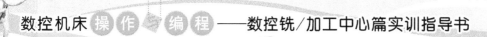

③数控加工工序卡，见表4-3-3。

④工艺装备明细表，见表4-3-4。

表4-3-3 数控加工工序卡

工步号	工步内容	刀具号	切削用量（推荐）			备注
			主轴转速 /（r/min）	进给速度 /（mm/min）	背吃刀量 /mm	
1	中心钻定位	T01	2000	3～50	1.5	D/2
2	钻5个孔	T02	600	50～100	5.15	D/2
3	扩孔	T03	1000	100～200	0.85	
4	攻螺纹	T04	200	350	0.85	
5	铣孔（扩孔）	T05	600	100～200	5～10	
5	铣螺纹	T06	1200	50～100	1	

表4-3-4 工艺装备明细表

零件图号		图4-3-1	数控加工工艺装备明细表		机床型号		TH7650
零件名称					数控系统		FANUC
刀具表			量具表		工具表		
T01	A3中心钻		1	游标卡尺（0～150）	1		虎钳
T02	φ10.3麻花钻		2	千分尺（0～25）	2		垫铁
T03	φ12麻花钻		3	螺纹塞规			
T04	M12丝锥						
T05	φ16立铣刀						
T06	F2螺纹铣刀						

3. 零件加工程序单

零件加工程序单见表4-3-5。

表4-3-5 零件加工程序单

程序内容	含义
O0030	单独攻螺纹程序
G90 G95 G80 G21 G17 G54；	程序开始部分
G91 G28 Z0；	
M06 T04；	换丝锥
G90 G43 G00 Z30.0 H04；	刀具定位至初始平面
S200 M03 M08；	采用较低的转速
G99 G84 X−30.0 Y30.0 Z−18.0 R3.0 F1.75；	攻螺纹
X30.0 Y−30.0；	
G0 G49 Z200；	
G91 G28 Y0；	程序结束
M30；	
O0200	铣螺纹加工程序
/T6；	螺纹刀
G54 G90 G00 X0 Y0 M03 S1200；	
G43 G00 Z30.0 M08 H06；	
G01 Z0 F100；	螺纹刀接近工件
G01 G42 X18 Y0；	加上刀补
M98 P90201；	子程序多次加工
G90 G1 G40 X0 Y0；	孔底取消刀补到孔中间
G0 G49 Z200；	抬刀
G91 G28 Y0；	
M30；	

程序内容	含义
O0201	螺纹子程序
G91 G02 X0 Y0 I-18 Z2；	增量加工螺纹，螺距＝2
M99；	子程序结束

4. 零件检查

零件检查项目见表4-3-6。

表4-3-6　零件检查项目

测量项目	量具	备注
大径与小径测量	卡尺或千分尺	外螺纹大径和内螺纹小径的公差一般较大
螺距测量	钢直尺或螺距规	采用钢直尺测量时，最好测量10个螺距的长度，然后除以10，就得出一个较正确的螺距尺寸
中径测量	螺纹千分尺	用于精度较高的普通螺纹
	"三针"进行间接测量	仅适用于外螺纹的测量，需通过公式计算，才能得到中径尺寸
综合测量	外螺纹——螺纹环规	应按其对应的公差等级进行选择
	内螺纹——螺纹塞规	

5. 记录结果

记录检测结果，交接确认；保养机床，填写设备日常保养记录卡。

六、实训内容

（1）编程知识学习：攻螺纹循环指令、攻螺纹前的工艺要点和铣螺纹。

（2）工艺分析及编程。

（3）零件加工程序单。

（4）零件加工。

（5）零件检查。

（6）记录结果。

七、考核评价

教学项目过程考核评价表，见表4-3-7。

表4-3-7　任务三　攻螺纹和铣螺纹加工教学项目过程考核评价表

工作任务		项目四　任务三　攻螺纹和铣螺纹加工					
班级：	姓名：	学号：	指导教师：		日期：		
考核项目	考核标准	考核依据	考核方式		权重	得分小计	
			小组考核	学校考核			
			30%	70%			
职业素质	1. 遵守学校管理规定及劳动纪律（5分） 2. 能积极主动地完成学习及工作任务（5分） 3. 能比较全面地提出需要学习和解决的问题（6分） 4. 工具的规范使用，工作环境整洁（7分） 5.严格遵守安全生产规范（7分）	1. 教学日志 2. 课堂记录 3. 工作现场 4.6S管理标准			30%		
专业能力	1. 能写出G84——右旋攻丝循环的指令格式（10分） 2. 能写出G74——反攻丝循环（左旋攻丝循环）的指令格式（10分） 3. 能正确判断攻螺纹前孔径D_1及盲孔螺纹底孔深度（10分） 4. 能写出铣螺纹的编程格式（5分） 5. 能正确检测螺纹参数（5分） 6. 能根据图纸加工位置正确装夹工件（10分） 7. 能根据零件加工要求进行手工编程（10分） 8. 能根据零件加工要求正确处理加工参数（10分）	1. G84——右旋攻丝循环的指令格式 2. G74——反攻丝循环（左旋攻丝循环）的指令格式 3. 攻螺纹前孔径D_1及盲孔螺纹底孔深度 4. 零件图 5. 程序清单 6. 调试记录 7. 测量工具的使用			70%		
指导教师综合评价	总分： （签章）						

八、思考与练习

（1）螺纹孔加工一般顺序是什么？

（2）螺纹加工时常见的测量方法有哪些？

（3）叙述一下常见的螺纹加工方式，以及铣螺纹的优缺点。

（4）编写如图4-3-8所示零件的螺纹孔加工程序。

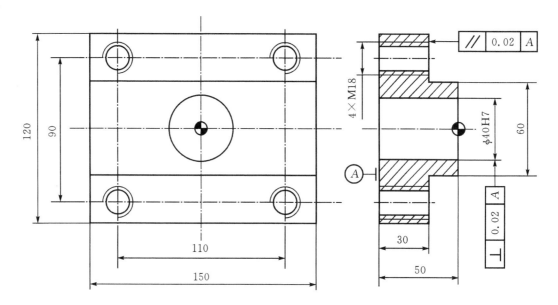

图4-3-8　钻孔与锪孔练习

项目五

槽类零件加工

一、项目教学课时

项目五教学课时分配见表5-0-1。

表5-0-1 项目教学课时

项目五 槽类零件加工	学 时
任务一 键槽零件加工	35
任务二 圆孔的铣加工	35
合 计	70

二、项目实施目标

（1）具备常见槽型零件工艺设计的能力。

（2）能对槽型零件进行编程及加工。

（3）能对槽型加工中出现的问题进行分析并找出解决方法。

（4）能够使用旋转编程方法。

一、任务教学课时

任务一教学课时为35学时。

二、任务目标

（1）能够进行零件的工艺分析及手动编程。

（2）学会坐标系旋转指令使用。

（3）能熟练运用刀具补偿功能。

（4）能进行加工参数的调整。

三、任务实施设备条件

任务实施所需设备见表5-1-1。

表5-1-1　任务实施设备条件

序号	设备等名称	设备等条件
1	设　备	FANUC系统XK714C型
2	刀　具	ϕ14键槽刀、ϕ14立铣刀
3	量　具	游标卡尺（0~150）、深度千分尺（25~50）、千分尺（25~50）
4	工具、辅具	平口虎钳、垫铁
5	加工材料	45#钢

四、工作情境描述

有很多零件呈规律图形分布，程序虽不是很复杂，但是重复次数多了总是麻烦，小王这时候就想如何能偷偷懒，把原来的相同图形程序复制到需要的位置去？他请教学长指点，学长说这样是可以的。试加工如图5-1-1所示的十字槽板零件。

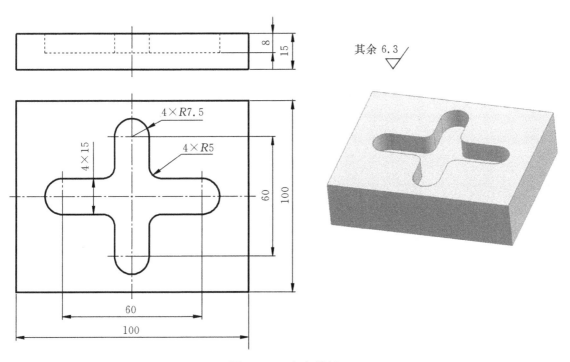

图5-1-1　十字槽板

五、相关知识概述

1. 编程知识学习

坐标系旋转指令见图5-1-2。

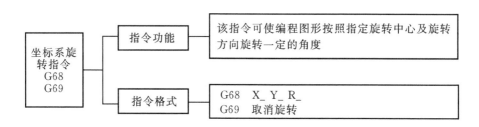

图5-1-2　坐标系旋转指令

2. 工艺分析及编程

（1）零件图样分析：该零件属于阵列键槽型零件，键槽与各方向位置对称。

（2）制定加工工艺，见图5-1-3。

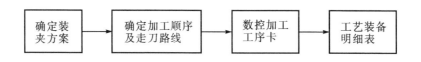

图5-1-3　制定加工工艺

注意：①虎钳装夹，钳口外露的高度不小于加工深度。

②加工顺序：粗铣十字槽中心线去除余量，精铣键槽两侧保证尺寸。使用旋转口令调用子程序来加工，单段的1/4路径如图5-1-4所示。

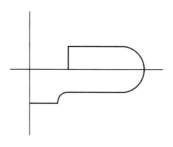

图5-1-4　单段的1/4路径

③数控加工工序卡，见表5-1-2。

④工艺装备明细表，见表5-1-3。

表5-1-2　数控加工工序卡

工步号	工步内容	刀具号	切削用量（推荐）				备注
			主轴转速 /（r/min）	进给速度 /（mm/min）	切削深度 /mm	切削宽度 /mm	
1	粗铣槽	T1	480	60	8	14	
2	精铣槽	T2	800	80	8	0.5	

表5-1-3　工艺装备明细表

零件图号	图5-1-1	数控加工工艺装备明细表		机床型号	XK714C
零件名称	十字槽板			数控系统	FANUC
刀具表		量具表		工具表	
T1	φ14键槽刀	1	游标卡尺（0～150）	1	平口虎钳
T2	φ14立铣刀	2	千分尺（25～50）	2	垫铁
		3	深度千分尺（25～50）		

3. 零件加工程序单

零件加工程序单见表5-1-4。

表5-1-4　零件加工程序单

程序内容	含义
O0002	（1）十字槽粗加工程序
G90 G17 G54 G00 X30.0 Y0 M03 S480；	
G43 H1 Z10；	
Z2.0 M08；	
G01 Z−4.0 F40；	
X−30.0 F60；	
Z−8.0 F40；	
X30.0 F60；	
G00 Z5.0；	
X0 Y30.0；	

续表

程序内容	含义
G01 Z−4.0 F40；	
Y−30.0；	
Z−8.0 F40；	
Y30.0 F60；	
G00 Z5.0 M09；	
G91 G28 Z0；	
M30；	
O0003	（2）十字槽精加工程序
/T2 M6；	
G00 G90 G54 X0 Y0 S800 M05；	
G43 H2 Z50.；	
Z2；	
Z−8 F30；	
M98 P0021；	
G68 X0 Y0 R90；	
M98 P0021；	
G68 X0 Y0 R180；	
M98 P0021；	
G68 X0 Y0 R270；	
M98 P0021；	
G01 Z2 F200；	
G0 G49 Z200；	
G91 G28 Y0 M30；	

续表

程序内容	含义
O0021	1/4十字槽的子程序
G01 X0. Y−12.5 F100;	
G41 D21 X7.5 F80;	
G02 X12.5 Y−7.5 R5.;	
G01 X30.;	
G03 Y7.5 R7.5;	
G01 X12.5;	
G40 Y0.;	
X0.;	
M99;	
%	

4. 零件检查

按零件图检测。

5. 记录结果

记录检测结果，交接确认；保养机床，填写设备日常保养记录卡。

六、实训内容

（1）编程知识学习。坐标系旋转指令：G68、G69。

（2）工艺分析及编程。

（3）零件加工程序单。

（4）零件加工。

（5）零件检查。

（6）记录结果。

七、考核评价

教学项目过程考核评价表，见表5-1-5。

表5-1-5　任务一　键槽零件加工教学项目过程考核评价表

工作任务	项目五　任务一　键槽零件加工					
班级：　　　姓名：　　　学号：　　　指导教师：　　　日期：						
考核项目	考核标准	考核依据	考核方式		权重	得分小计
			小组考核	学校考核		
			30%	70%		
职业素质	1. 遵守学校管理规定及劳动纪律（5分） 2. 能积极主动地完成学习及工作任务（5分） 3. 能比较全面地提出需要学习和解决的问题（6分） 4. 工具的规范使用，工作环境整洁（7分） 5. 严格遵守安全生产规范（7分）	1. 教学日志 2. 课堂记录 3. 工作现场 4.6S管理标准			30%	
专业能力	1. 能写出G68、G69坐标系旋转的指令编程格式（10分） 2. 能使用M98、M99完成零件主程序及子程序的编写（10分） 3. 能确定挖槽的粗、精加工走刀路线（10分） 4. 各种测量工具的正确使用（10分） 5. 能根据图纸加工位置正确装夹工件（10分） 6. 能根据零件加工要求进行手工编程（10分） 7. 能根据零件加工要求正确处理加工参数（10分）	1. G68、G69坐标系旋转的指令编程格式 2. M98、M99主程序及子程序的编写 3. 零件图 4. 程序清单 5. 调试记录 6. 测量工具的使用			70%	
指导教师综合评价	总分：　　　　　　　　　　　　（签章）					

（1）加工如图5-1-5所示的槽型零件。

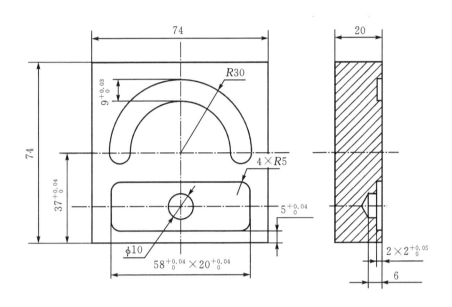

图5-1-5　槽型零件铣削练习一

（2）平底偏心圆弧槽如图5-1-6所示，工件材质为45#钢，已经调质处理。加工部位为工件上表面两平底偏心槽，槽深8 mm。

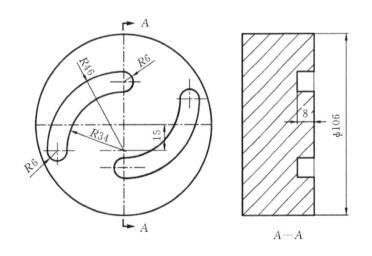

图5-1-6　槽型零件铣削练习二

（3）如图5-1-7所示的带槽凸板，毛坯尺寸为70 mm×60 mm×18 mm，六面已粗加工过，要求铣出图示凸台及槽，工件材料为45#钢。

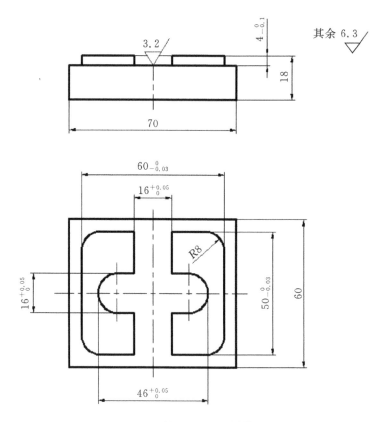

图5-1-7 槽型零件铣削练习三

一、任务教学课时

任务二教学课时为35学时。

二、任务目标

（1）学会内圆孔粗精铣加工工艺流程与编程方法。

（2）熟练使用极坐标编程。

（3）能熟练运用刀具补偿功能。

（4）能进行加工参数的调整。

（5）能对圆孔铣加工常见问题进行分析并找出解决方法。

三、任务实施设备条件

任务实施所需设备，见表5-2-1。

表5-2-1　任务实施设备条件

序号	设备等名称	设备等条件
1	设　备	FANUC系统XK714C型
2	刀　具	ϕ12钻头、ϕ18钻头、ϕ12立铣刀、ϕ16立铣刀
3	量　具	游标卡尺（0～150）、深度千分尺（25～50）、千分尺（25～50）
4	工具、辅具	平口虎钳、垫铁
5	加工材料	45#钢

四、工作情境描述

经过前面学习，小王对孔加工有了一定认识，就给师傅说，孔加工顺序是：点—钻—扩—铰，或镗孔。师傅说："你这样说也对，但是遇到较大直径孔的时候这样做还合适吗？"小王想："就是呀，如果加工孔是ϕ100以上的，那得扩多大呀?而且也没有ϕ100以上的钻头，即使有也装不上BT40的刀柄。"小王越想越觉得是个难题，带着这个问题他又开始了钻研。试练习加工如图5-2-1所示的孔型板零件。

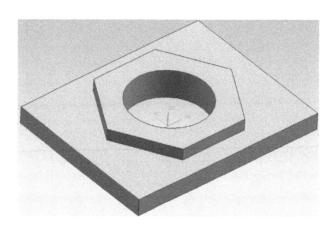

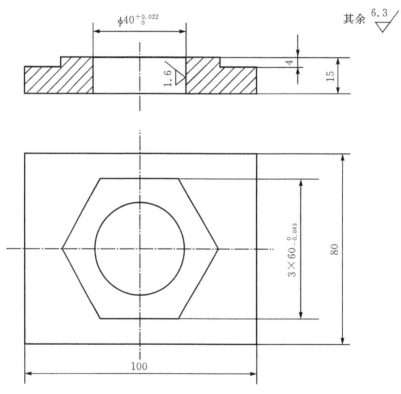

图5-2-1　孔型板零件图

五、相关知识概述

1. 编程知识学习

（1）半径补偿的三个阶段，见图5-2-2。

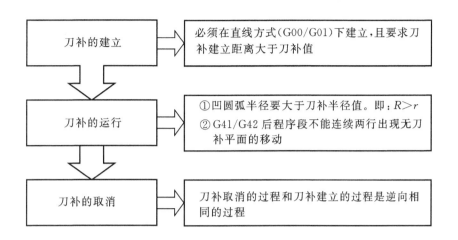

图5-2-2　半径补偿的三个阶段

（2）内圆孔的粗加工程序，粗加工主要以环形绕圈增大的方法来去除余量。如图5-2-3所示采用沿*X*向逐渐增大、绕圈去除余量的方法。

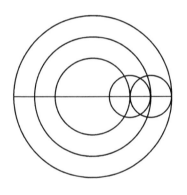

图5-2-3　环形去除余量

（3）内圆孔的精加工程序。内孔精铣走刀路径如图5-2-4所示。

例如：孔径100、刀具ϕ20

…

G01 X0 Y0 F100；

G41 D1 X30 Y-20；

G03 X50 Y0 R20；

I-50；

X30 Y20 R20；

G01 G40 X0 Y0；

…

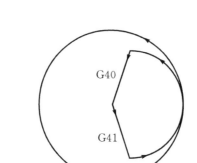

图5-2-4 内孔精铣路线

2. 工艺分析及编程

（1）零件图样分析：零件呈环形阵列分布，六边和孔与外形的位置对称。圆和多边形都为跨象限图形，要控制好精铣余量或者将机床的反向间隙调小，如图5-2-1所示。

（2）制定加工工艺，见图5-2-5。

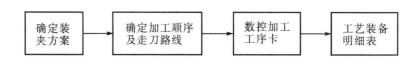

图5-2-5 制定加工工艺

注意：①虎钳装夹，钳口外露的高度不小于加工深度。

②加工顺序：加工由浅到深，先台后孔。为了减少换刀，六方台和孔应一次加工。

③数控加工工序卡，见表5-2-2。

④工艺装备明细表，见表5-2-3。

表5-2-2 数控加工工序卡

工步号	工步内容	刀具号	切削用量（推荐）				备注
			主轴转速/（r/min）	进给速度/（mm/min）	背吃刀量/mm	切削宽度/mm	
1	φ12钻孔	T01	800	80		12	
2	φ18钻孔	T02	420	80		6	
3	粗铣六边形	T03	400	80	4	16	
4	粗铣φ40内圆	T03	400	80	15		
5	精铣六边形	T04	800	100	4	0.5	
6	精铣φ40内圆	T04	800	100	15	0.5	

表5-2-3 工艺装备明细表

零件图号	图5-2-1	数控加工工艺装备明细表		机床型号	XK714C
零件名称				数控系统	FANUC

刀具表		量具表		工具表	
T01	ϕ12麻花钻	1	游标卡尺（0～150）	1	平口虎钳
T02	ϕ18麻花钻	2	内径千分尺（0～25）	2	垫铁
T03	ϕ16立铣刀	3	深度千分尺（25～30）		
T04	ϕ12立铣刀				

3. 零件加工程序单

零件加工程序单（仅为铣圆程序，其他略）见表5-2-4。

表5-2-4 零件加工程序单

程序内容	含义
O0001	粗铣圆
/T3 M6;	
G00 G90 G54 X0 Y0 M03 S400;	到孔中心
G43 H3 Z50.;	
Z0.;	
M98 P30005;	孔分三层粗加工
G00 G49 Z200.;	
G91 G28 Y0 M30;	程序结束
O0002	精铣圆
/T4 M6;	
G00 G90 G54 X0 Y0 M03 S800;	到孔中心
G43 H4 Z50;	
Z-16 F300;	
G41 D4 X10 Y-10 F100;	半径补偿建立
G03 X20 Y0 R10;	圆弧切入半径为R10

程序内容	含义
I-20;	铣圆
X10 Y10 R10;	圆弧切出
G01 G40 X0 Y0;	半径补偿取消
G00 G49 Z200.;	
G91 G28 Y0 M30;	
O0005	圆孔粗加工子程序
G91 G01 Z-5.5 F300;	空刀下刀
G01 X8 F20;	靠刀
G02 I-8 F50;	走刀
G01 X11.5 F20;	靠刀
G02 I-11.5 F50;	走刀，铣至 ϕ 39 mm
G01 X0 Y0;	回孔中心
M99;	

4. 零件检查

按零件图检测。

5. 记录结果

记录检测结果，交接确认；保养机床，填写设备日常保养记录卡。

六、实训内容

（1）编程知识学习。

①半径补偿的三个阶段：刀补的建立、运行和取消。

②内圆孔的粗加工程序。

③内圆孔的精加工程序。

（2）工艺分析及编程。

（3）零件加工程序单。

（4）零件加工。

（5）零件检查。

（6）记录结果。

七、考核评价

教学项目过程考核评价表，见表5-2-5。

表5-2-5　任务二　圆孔的铣加工教学项目过程考核评价表

工作任务			项目五　任务二　圆孔的铣加工				
班级：	姓名：		学号：	指导教师：	日期：		
考核项目	考核标准		考核依据	考核方式		权重	得分小计
				小组考核	学校考核		
				30%	70%		
职业素质	1. 遵守学校管理规定及劳动纪律（5分） 2. 能积极主动地完成学习及工作任务（5分） 3. 能比较全面地提出需要学习和解决的问题（6分） 4. 工具的规范使用，工作环境整洁（7分） 5. 严格遵守安全生产规范（7分）		1. 教学日志 2. 课堂记录 3. 工作现场 4. 6S管理标准			30%	
专业能力	1. 能写出刀具半径补偿的三个阶段及注意事项（10分） 2. 掌握内圆孔的走刀路径及注意事项（10分） 3. 能使用极坐标编写程序（10分） 4. 各种测量工具的正确使用（10分） 5. 能根据图纸加工位置正确装夹工件（10分） 6. 能根据零件加工要求进行手工编程（10分） 7. 能根据零件加工要求正确处理加工参数（10分）		1. 刀具半径补偿的三个阶段及注意事项 2. 内圆孔的走刀路径 3. 零件图 4. 程序清单 5. 调试记录 6. 测量工具的使用			70%	
指导教师综合评价	总分： （签章）						

八、思考与练习

加工如图5-2-6所示的零件局部台阶孔。

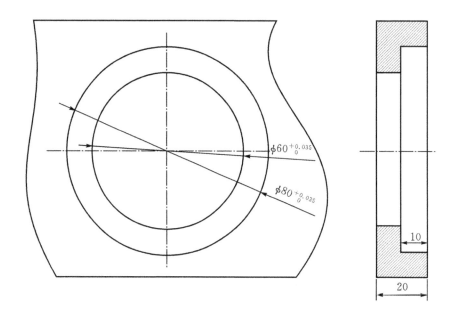

图5-2-6　局部台阶孔零件

复合零件的加工

一、项目教学课时

项目六教学课时分配见表6-0-1。

表6-0-1 项目教学课时

项目六 复合零件的加工	学　时
任务一 复合零件加工一	40
任务二 复合零件加工二	40
合　计	80

二、项目实施目标

（1）对于一般复合零件的加工，能合理设计工艺流程。

（2）能对复合零件进行装夹及找正。

（3）能对单一工位复合零件进行测量及加工参数调整。

（4）能在多尺寸干涉情况下进行尺寸加工调整。

一、任务教学课时

任务一教学课时为40学时。

二、任务目标

（1）能够进行复合零件的工艺分析及一般手工编程。

（2）学会旋转在复杂零件加工中的应用。

（3）能进行多刀具的分次加工。

（4）能进行零件测量与加工参数的调整。

三、任务实施设备条件

任务实施所需设备见表6-1-1。

表6-1-1　任务实施设备条件

序号	设备等名称	设备等条件
1	设　备	FANUC系统XK714C型
2	刀　具	ϕ16 mm、ϕ14 mm、ϕ12 mm立铣刀，ϕ3中心钻，ϕ9.7 mm钻头，ϕ10 mm铰刀，ϕ18 mm钻头，ϕ27.7 mm钻头，ϕ28 mm镗刀
3	量　具	游标卡尺（0~150）、千分尺（25~50）、深度千分尺（25~50）
4	工具、辅具	平口虎钳、垫铁
5	加工材料	45#钢

四、工作情境描述

经过一段时间的练习，用功的小王对数控加工慢慢熟悉起来，加工的产品也得到了师傅和领导的赞同。但是车间的数控产品各种各样，有些零件奇形怪状，不仅要多刀具加工，还要深度分层、外形分次加工，甚至要多次多部位装夹、多工位加工。

"我的天，这可怎么干呀！"本来对数控学习还信心满满的小王，不仅犯了嘀咕。师傅知道之后还是淡淡地笑着说："你再去仔细看看那些零件，有哪个位置是三维线段或是你不会编程没有学过的，其实再复杂也是由简单的零件堆砌起来的，你只要一步步按简单的加工方式，再叠加在一起不就是个复杂的形状了吗？"小王在心里想了想，又有信心了，于是决定按师傅话先从复合零件里简单的单面多台阶零件开始练习。

试加工如图6-1-1所示的十字底座零件。

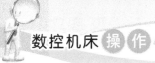
数控机床 操 作 与 编 程——数控铣／加工中心篇实训指导书

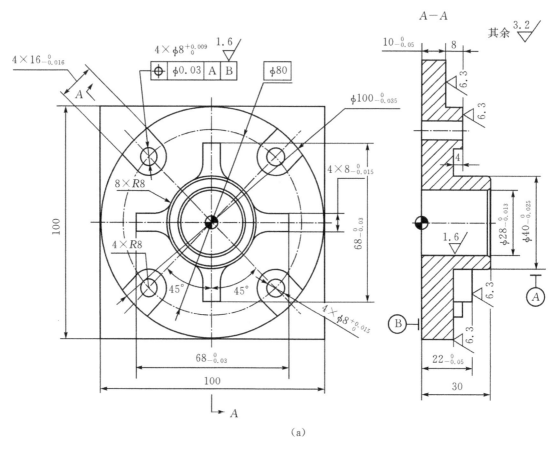

(a)

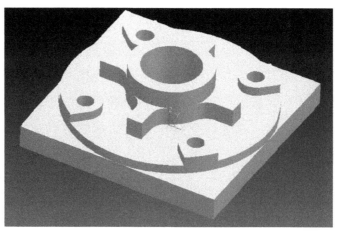

(b)

图6-1-1　十字底座

五、相关知识概述

1.编程知识学习

编程方法：按照项目五，坐标系旋转指令——G68、G69旋转。将相同的图形编入子

118

程序中，每旋转一个位置，将子程序调用一次，以达到相同图形在不同角位置分布的目的。

编程零点：设置如图6-1-1所示（Z向尺寸基准为下表面）。

2. 工艺分析及编程

（1）零件图样分析：进行粗、精加工，加工时各坐标点的确定尤为重要。加工型台时，刀具的选择受到了型面的限制。4×φ10孔采用钻、铰完成；φ28孔采用钻、扩、镗完成。

注意：①中间的十字台，按精度高的一次加工成型。多处位置因为深度不一，尽量使用不同刀补来控制尺寸。

②φ40凸台上下两部分加工时，应让上端尺寸稍大于下端，再在下端一次加工成型。

③加工十字台时，注意刀补建立和取消的方向及距离，不要干涉到小台阶。

④优先选用直径大的锋利刀具，以保证刚性。

（2）制定加工工艺，见图6-1-2。

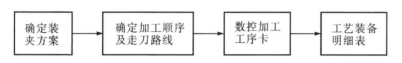

图6-1-2　制定加工工艺

注意：①虎钳装夹，钳口外露的高度不小于加工深度。

②加工顺序，见图6-1-3。

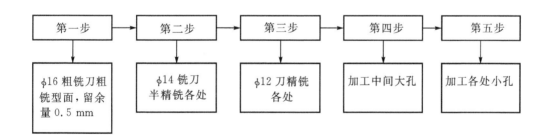

图6-1-3　加工顺序

③数控加工工序卡，见表6-1-2。

④工艺装备明细表，见表6-1-3。

表6-1-2　数控加工工序卡

工步号	工步内容	刀具号	切削用量（推荐）			备注
			主轴转速/（r/min）	进给速度/（mm/min）	进给深度/mm	
1	粗铣大圆φ100，保证10	T1	400	80	≤10	
2	去余量保证22及φ40上端	T1				
3	粗铣十字台和四处凸台	T1				
4	去四处凸台面，保证18	T1				
5	半精铣各处型台	T2	600	100		
6	精铣各处型台	T3	800	100		
7	各处中心孔	T4	1000	60		
8	φ8底孔	T5	800	60		
9	φ28扩孔	T6	200	30		
10	φ28扩孔	T7	450	80		
11	φ28镗孔	T8	400	80		
12	φ28铰孔	T9	400	50		

表6-1-3　工艺装备明细表

零件图号	图6-1-1	数控加工工艺装备明细表		机床型号	XK714C
零件名称	十字底座			数控系统	FANUC
刀具表		量具表		工具表	
T1	φ16立铣刀	1	游标卡尺（0～150）	1	平口虎钳
T2	φ14立铣刀	2	千分尺（25～50）	2	垫铁
T3	φ12立铣刀	3	深度千分尺（25～50）		
T4	φ3中心钻				
T5	φ9.7钻头				
T6	φ18钻头				
T7	φ27.7钻头				
T8	φ28镗刀				
T9	φ10铰刀				

3. 精加工型台基点坐标

（1）加工十字台，见图6-1-4。

基点	X	Y
1	36.0	−10.0
2	36.0	−4.0
3	25.298	−4.0
4	18.07	−8.571
5	8.571	−18.07
6	4.0	−25.298
7	4.0	−34.0
8	−6.0	−34.0
9	−6.0	−40.0

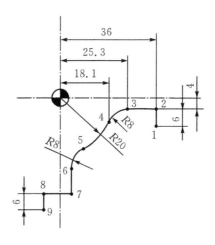

图6-1-4　加工十字台型台基点的确定

（2）精加工十字台，见图6-1-4。

基点	X	Y
1	45.255	−33.941
2	41.012	−29.698
3	29.698	−41.012
4	22.627	−33.941
5	22.627	−22.627
6	33.941	−22.627
7	41.012	−29.698
8	45.255	−25.456

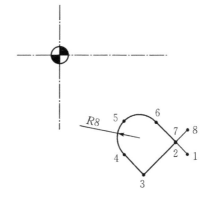

图6-1-5　型台基点的确定

4. 零件加工程序单

T3精加工十字台程序，见表6-1-4。

表6-1-4　零件加工程序单

程序内容	含义
O0005	精加工十字台，主程序
G54 G00 G90 X36 Y−10 M03 S800；	移动至1点
G43 H3 Z−14；	
G1 Z−16 F20；	下刀到深度
M98 P51；	调用1次（按原坐标图加工第四象限位置）
G68 X0 Y0 R−90；	顺时针旋转90°
M98 P51；	调用2次（第三象限）
G68 X0 Y0 R−180；	
M98 P51；	调用3次（第二象限）
G68 X0 Y0 R90；	
M98 P51；	调用4次（第一象限）
G0 Z50；	
G49 Z200 M30；	主程序结束
O0051	子程序
G1 G41 D4 X36 Y−4 F100；	
X25.298；	
G3 X18.07 Y−8.571 R8；	
G2 X8.571 Y−18.07 R20；	
G3 X4 Y−25.298 R8；	
G1 Y−34；	
X−6；	
G40 X−6 Y−40；	
M99；	子程序结束

5. 零件检查

按零件图检测。

6. 记录结果

记录检测结果，交接确认；保养机床，填写设备日常保养记录卡。

六、实训内容

（1）编程知识学习。

（2）工艺分析及编程。

（3）精加工型台基点坐标。

①加工十字台；

②加工型台。

（4）零件加工程序单（T3精加工十字台程序）。

（5）零件加工。

（6）零件检查。

（7）记录结果，进行小结。

七、考核评价

教学项目过程考核评价表，见表6-1-5。

表6-1-5 任务一 复合零件加工一教学项目过程考核评价表

工作任务		项目六 任务一 复合零件加工一					
班级：	姓名：	学号：	指导教师：		日期：		
考核项目	考核标准	考核依据	考核方式		权重	得分小计	
			小组考核	学校考核			
			30%	70%			
职业素质	1. 遵守学校管理规定及劳动纪律（5分） 2. 能积极主动地完成学习及工作任务（5分） 3. 能比较全面地提出需要学习和解决的问题（6分） 4. 工具的规范使用，工作环境整洁（7分） 5. 严格遵守安全生产规范（7分）	1. 教学日志 2. 课堂记录 3. 工作现场 4.6S管理标准			30%		
专业能力	1. 能使用坐标旋转进行编程（10分） 2. 能正确使用主程序及子程序完成程序编写（10分） 3. 能根据零件图合理划分加工工艺（10分） 4. 能正确使用各种测量工具（10分） 5. 能根据图纸加工位置正确装夹工件（10分） 6. 能根据零件加工要求进行手工编程（10分） 7. 能根据零件加工要求正确处理加工参数（10分）	1. 坐标旋转进行编程 2. 使用主程序及子程序完成程序编写 3. 零件图 4. 程序清单 5. 调试记录 6. 测量工具的使用			70%		
指导教师综合评价	总分：						
	（签章）						

八、思考与练习

如图6-1-6所示工件，毛坯尺寸为80 mm×80 mm×30 mm，试编写该零件的加工程序，并加工该零件。

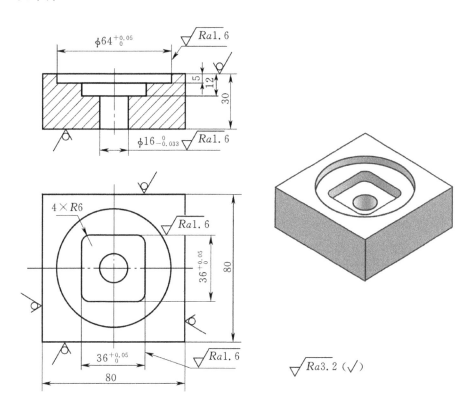

图6-1-6　型腔铣削练习

一、任务教学课时

任务二教学课时为40学时。

（1）多次装夹的复杂复合零件加工顺序及工艺。

（2）能进行盘类零件正反面同轴的装夹找正。

（3）复杂零件的工艺分析及加工参数调整。

（4）薄壁槽型零件参数调整。

任务实施所需设备见表6-2-1。

表6-2-1　任务实施设备条件

序号	设备等名称	设备等条件
1	设　备	FANUC系统XK714C型
2	刀　具	ϕ3中心钻、ϕ12钻头、ϕ15.7钻头、ϕ16铰刀、ϕ16键槽刀、ϕ12立铣刀、ϕ16立铣刀、ϕ12键槽刀
3	量　具	游标卡尺（0～150）、千分尺（25～50）、千分尺（50～75）、内径量表（18～35）、深度千分尺（25～50）
4	工具、辅具	平口虎钳、垫铁
5	加工材料	45#钢

图6-2-1是工厂产品零件之一——双面星轮，材料为45#钢，中小批量生产。小王主动请缨，承担下这批活的数铣加工。师傅将会从零件完成质量、效率，以及整个加工过程是否符合安全文明生产、是否规范操作等几个方面评价考核他的能力。

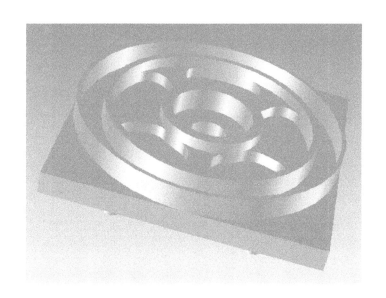

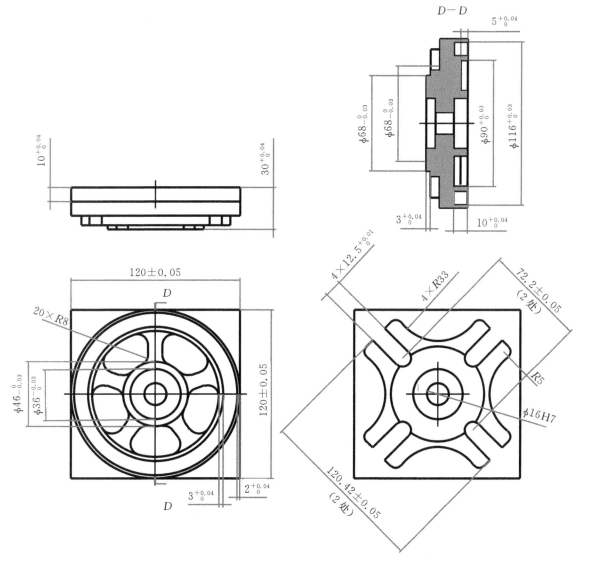

图6-2-1 双面星轮

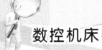

五、相关知识概述

1. 编程知识学习

编程中容差分配：将公差进行换算，达到加工时，能够一次保证，见图6-2-2。

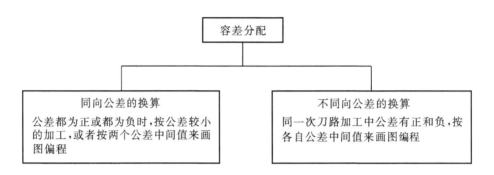

图6-2-2 编程中容差分配

例如加工如图6-2-3（a）所示外形的时候，我们的刀路是首尾相连一次加工完成，但是它们没有共同公差带，这个时候就要将尺寸进行转换，按图6-2-3（b）来画图编程。

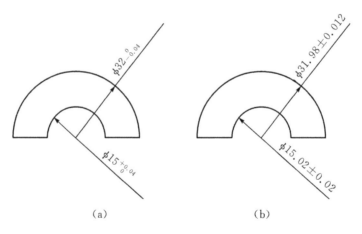

图6-2-3 外形图

2. 工艺分析及编程

（1）零件图样分析：双面星轮属于复杂的复合类型的加工零件，需要分两次装夹。主要考虑圆形与槽的加工。

难点：①内外轮廓相对于工件外形的对称控制。

②正反面的同轴问题。

③壁厚的保证。

（2）制定加工工艺，见图6-2-4。

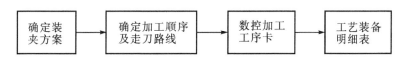

图6-2-4 制定加工工艺

注意：①虎钳装夹，钳口外露的高度不小于加工深度。

②加工顺序，见图6-2-5。

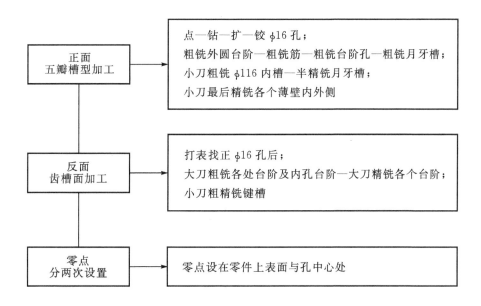

图6-2-5 加工顺序

③数控加工工序卡（正面工序卡，反面可参照其执行），见表6-2-2。

④工艺装备明细表，见表6-2-3。

表6-2-2 数控加工工序卡

工步号	工步内容	刀具号	切削用量（推荐）			备注
			主轴转速 /（r/min）	进给速度 /（mm/min）	进给深度 /mm	
1	钻中心孔	T1	1500	50		
2	钻孔	T2	800	80		
3	扩孔	T3	500	60		
4	铰孔φ16H7	T4	200	20	≤10	
5	粗铣大圆φ120，保证10	T5	450	60		

工步号	工步内容	刀具号	切削用量（推荐）			备注
			主轴转速 /（r/min）	进给速度 /（mm/min）	进给深度 /mm	
6	去环槽余量，保证筋板深10	T5	450	60		
7	粗铣台阶孔	T5	450	60		
8	去四处凸台面，保证18	T5	450	60		
9	精铣台阶孔内外	T6	600	100		
10	去除窄槽余量，半精铣两薄壁内外	T7	800	100		
11	精铣薄壁内外	T8	1000	200		

表6-2-3　工艺装备明细表

零件图号	图6-2-1	数控加工工艺装备明细表			机床型号	XK714C
零件名称	双面星轮				数控系统	FANUC
刀具表		量具表			工具表	
T1	φ3中心钻	1	游标卡尺（0～150）		1	平口虎钳
T2	φ12钻头	2	千分尺（25～50）		2	垫铁
T3	φ15.7钻头	3	千分尺（50～75）			
T4	φ16铰刀	4	深度千分尺（25～50）			
T5	φ16键槽刀	5	内径量表（18～35）			
T6	φ16立铣刀					
T7	φ12键槽刀					
T8	φ12立铣刀					

3. 零件加工程序单

月牙槽的精加工程序，见表6-2-4。

表6-2-4　零件加工程序单

程序内容	含义
O0005	
/T8；	
...	
M98 P11；	调用1次（按原图加工-Y向位置）
G68 X0 Y0 R72；	顺时针旋转72°，（以下同）
M98 P11；	调用2次
G68 X0 Y0 R144；	
M98 P11；	调用3次
G68 X0 Y0 R216；	
M98 P11；	调用4次
G68 X0 Y0 R-72；	
M98 P11；	调用5次
G0 Z20；	
G49 Z200 M30；	主程序结束
O0011	子程序
G90 G54 G0 X-1.757 Y-33.228 S1500 M03；	
G43 H2 Z2. M07；	
Z-8. F80；	
G1 Z-10. F50；	
G42 D2 X-6. Y-28.985 F150；	
G17 G2 X0. Y-22.985 R6.；	
G3 X4.462 Y-22.548 R22.985；	尺寸改后的内轮廓
G2 X12.487 Y-25.693 R8.；	
G1 X16.326 Y-30.977；	

程序内容	含义
G2 X11.983 Y−43.391 R8.;	
X−11.983 R45.015;	尺寸改后的外轮廓
X−16.326 Y−30.977 R8.;	
G1 X−12.487 Y−25.693;	
G2 X−4.462 Y−22.548 R8.;	
G3 X0. Y−22.985 R22.985;	
G2 X6. Y−28.985 R6.;	
G1 G40 X1.757 Y−33.228;	
Z−8. F2000;	
G0 Z100.;	
M99;	子程序结束

4. 零件检查

按零件图检测。

5. 记录结果

记录检测结果，交接确认；保养机床，填写设备日常保养记录卡。

六、实训内容

（1）编程知识学习——容差分配。

①同向公差的换算；

②不同向公差的换算。

（2）工艺分析及编程。

（3）零件加工程序单（月牙槽的精加工）。

（4）零件加工。

（5）零件检查。

（6）记录结果，进行小结。

七、考核评价

教学项目过程考核评价表，见表6-2-5。

表6-2-5　任务二　复合零件加工二教学项目过程考核评价表

工作任务		项目六　任务二　复合零件加工二					
班级：	姓名：	学号：	指导教师：		日期：		
考核项目	考核标准	考核依据	考核方式		权重	得分小计	
			小组考核	学校考核			
			30%	70%			
职业素质	1. 遵守学校管理规定及劳动纪律（5分） 　2. 能积极主动完成学习及工作任务（5分） 　3. 能比较全面地提出需要学习和解决的问题（6分） 　4. 工具的规范使用，工作环境整洁（7分） 　5. 严格遵守安全生产规范（7分）	1. 教学日志 2. 课堂记录 3. 工作现场 4.6S管理标准			30%		
专业能力	1. 能对图纸进行容差分配（10分） 　2. 能正确使用主程序及子程序完成程序编写（10分） 　3. 能根据零件图合理划分加工工艺（10分） 　4. 能正确使用软件进行程序编写（5分） 　5. 能正确使用各种测量工具（5分） 　6. 能根据图纸加工位置正确装夹工件（10分） 　7. 能根据零件加工要求进行手工编程（10分） 　8. 能根据零件加工要求正确处理加工参数（10分）	1. 坐标旋转进行编程 　2. 使用主程序及子程序完成程序编写 3. 容差分配 4. 零件图 5. 程序清单 6. 调试记录 7. 测量工具的使用			70%		
指导教师综合评价	总分： （签章）						

八、思考与练习

（1）双面对称零件的加工应该用什么方法来保证相互两面位置。如果没有孔又怎么来保证，请描述方法原理。

（2）薄壁零件加工一般要注意什么问题，常用的加工流程是什么，常出现问题怎么来解决？

（3）对如图6-2-6所示零件进行加工，试编写出加工工艺，编写数控工序卡，并写出程序。

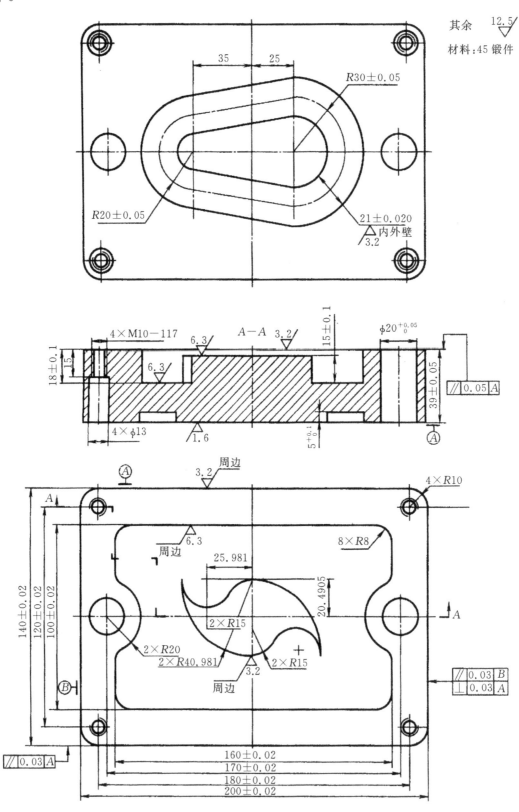

图6-2-6　零件图

项目七

曲线、曲面加工

一、项目教学课时

项目七教学课时分配见表7-0-1。

表7-0-1　项目教学课时

项目七　曲线、曲面加工	学　时
任务一　曲线宏程序加工	40
任务二　三维曲面加工	40
合　计	80

二、项目实施目标

（1）具有一般参数、公式曲线加工的能力。

（2）能进行一般曲线零件装夹及找正。

（3）能对常见曲线零件进行测量及其加工参数、精度进行调整。

（4）能在多尺寸干涉情况下进行尺寸加工调整。

一、任务教学课时

任务一教学课时为40学时。

二、任务目标

（1）能够进行公式曲线零件的工艺分析及一般手动宏程序编程。

（2）学会较复杂的宏程序零件加工编程。

（3）能进行零件测量与加工参数的调整，从而控制零件的加工精度。

三、任务实施设备条件

任务实施所需设备见表7-1-1。

表7-1-1　任务实施设备条件

序号	设备等名称	设备等条件
1	设　备	FANUC系统XK714C型
2	刀　具	ϕ20 mm立铣刀
3	量　具	游标卡尺（0～150）、深度千分尺（25～50）、千分尺（25～50）
4	工具、辅具	平口虎钳、垫铁
5	加工材料	45#钢

四、工作情境描述

有一天，小王在车间看到一个零件上光滑的曲线，想到以前自己学习了直线、圆弧、轮廓的各种加工，可是应该用什么指令和方法来加工这样的曲线呢？于是，他带着问题去问师傅，师傅告诉他这种曲线主要分两种：公式曲线，即参数曲线；非规律曲线。前者可以用宏程序或者计算机编程加工，后者只能使用计算机编程加工。

小王听了师傅话，在学习宏程序加工后，打算先从简单的公式曲线的加工开始。试加工如图7-1-1所示的曲线零件。

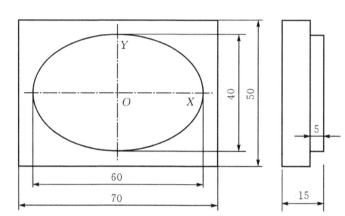

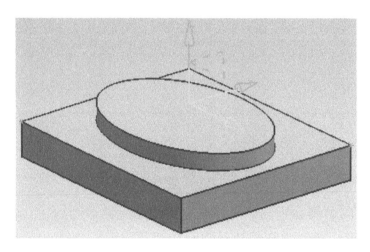

图7-1-1 公式曲线零件加工

五、相关知识概述

1. 编程知识学习

1）宏程序的概念

把实现某种功能的一组指令像子程序一样预先存入存储器中，用一个指令代表这个存储的功能，在程序中只要指定该指令就能实现这个功能。我们将这一组指令称为用户宏程序本体，简称宏程序，见图7-1-2。

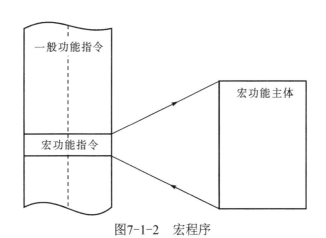

图7-1-2　宏程序

宏指令：将代表这个存储功能的指令称为用户宏程序调用指令，简称宏指令。在编程时，只要记住用户宏功能指令即可。

用户宏程序：所记录的一群命令叫做用户宏主体（或用户宏程序），简称为用户宏（Custom Macro）指令。

例如，在下述程序流程中，可以这样使用用户宏程序：

主程序	用户宏程序
…	O9011
G65 P9011 A10 I5；	…
…	X#1 Y#4；

在这个程序的主程序中，用G65 P9011调用用户宏程序O9011，并且对用户宏程序中的变量赋值：#1＝10、#4＝5（A代表#1，I代表#4）。而在用户宏程序中未知量用变量#1及#4来代表。

2）变量、变量种类及使用方法

宏变量：在常规的主程序和子程序内，总是将一个具体的数值赋给一个地址。为了使程序更具有通用性、更加灵活，在宏程序中设置了变量，即将变量赋给一个地址。

（1）宏变量的表示。一个变量由符号"#"和变量序号组成，如：$\#i$（$i＝1$，2，3，…），此外，变量还可以用表达式进行表示，但其表达式必须全部写入方括号"[ ]"中。

（2）变量的类型（适用于A、B类宏程序），见表7-1-2。

表7-1-2　变量的类型

变量号	变量类型	功　能
#0	空变量	该变量总是空，没有值能赋给该变量
#1～#33	局部变量	局部变量只能用在当前宏程序（所在的主程序或子程序）中存储数据，例如，运算结果。当断电时，局部变量被初始化为空。调用宏程序时，自变量对局部变量赋值

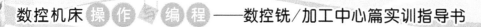

续表

变量号	变量类型	功　　能
#100～#199 #500～#999	全局变量	公共变量在不同的宏程序中的意义相同当断电时，变量#100～#199初始化为空。变量#500～#999的数据保存，即使断电也不丢失
#1000～#9999	系统变量	系统变量用于读和写CNC运行时的各种数据，例如，刀具的当前位置和补偿值

（3）各变量作用范围示例，见表7-1-3。

表7-1-3　变量作用范围示例

主程序	子程序
O0002	O0003
…	…
#10＝20.;	#10＝15.;
…	#12＝13.;
#150＝30.;	#150＝100.;
…	#550＝140.;
#550＝130.;	…
…	M99;
M98 P0003;	
…	
/此处各变量值是多少？	
…	
M30;	

（4）宏变量的引用。将跟随在地址符后的数值用变量来代替的过程称为引用变量，即引入了变量i。同样，引用变量也可以采用表达式。

（5）变量值的范围。局部变量和公共变量可以有0值或下面范围中的值：-1047～-1029或1029～1047，如果计算结果超出有效范围则发出PS报警，报警号No.111。

3）FANUC系统A类宏程序

A类宏程序使用时必须使用G65宏调用指令调用各种宏功能。宏指令简单调用——G65。

编程格式：G65　Hm　P#i　Q#j　R#k

A类宏程序指令G65各参数含义见表7-1-4。

表7-1-4 A类宏程序常用算术宏指令表

功能区	G码	H码	功 能	定 义
基本四则运算	G65	H01	定义，替换	$\#i=\#j$
	G65	H02	加	$\#i=\#j+\#k$
	G65	H03	减	$\#i=\#j-\#k$
	G65	H04	乘	$\#i=\#j\times\#k$
	G65	H05	除	$\#i=\#j/\#k$
逻辑运算	G65	H11	逻辑"或"	$\#i=\#j\cdot OR\cdot\#k$
	G65	H12	逻辑"与"	$\#i=\#j\cdot AND\cdot\#k$
	G65	H13	异或	$\#i=\#j\cdot XOR\cdot\#k$
高级数学运算	G65	H21	平方根	$\#i=\sqrt{\#j}$
	G65	H22	绝对值	$\#i=|\#j|$
	G65	H26	复合乘/除	$\#i=(\#i\times\#j)\div\#k$
	G65	H27	复合平方根1	$\#i=\sqrt{\#j^2+\#k^2}$
	G65	H28	复合平方根2	$\#i=\sqrt{\#j^2-\#k^2}$
三角函数运算（单位度）	G65	H31	正弦	$\#i=\#j\cdot SIN(\#k)$
	G65	H32	余弦	$\#i=\#j\cdot COS(\#k)$
	G65	H33	正切	$\#i=\#j\cdot TAN(\#k)$
	G65	H34	反正切	$\#i=ATAN(\#j/\#k)$
逻辑跳转控制	G65	H80	无条件转移	GOTOn
	G65	H81	条件转移1	IF#j＝#k, GOTOn
	G65	H82	条件转移2	IF#j≠#k, GOTOn
	G65	H83	条件转移3	IF#j＞#k, GOTOn

续表

功能区	G码	H码	功 能	定 义
	G65	H84	条件转移4	IF#j＜#k，GOTOn
逻辑跳转控制	G65	H85	条件转移5	IF#j≥#k，GOTOn
	G65	H86	条件转移6	IF#j≤#k，GOTOn
	G65	H99	产生PS报警	出现PS报警号：500＋n

（1）A类宏程序指令G65各参数的使用，见表7-1-5。

表7-1-5　A类宏程序指令G65各参数的使用

序号	名称	公式	编程格式示例
1	变量的定义和替换	$\#i=\#j$	G65 H01 P#101 Q1005；　（#101＝1005） G65 H01 P#101 Q-#112；　（#101＝-#112）
2	加法	$\#i=\#j+\#k$	G65 H02 P#101 Q#102 R#103；　（#101＝#102＋#103）
3	减法	$\#i=\#j-\#k$	G65 H03 P#101 Q#102 R#103；　（#101＝#102－#103）
4	乘法	$\#i=\#j\times\#k$	G65 H04 P#101 Q#102 R#103；　（#101＝#102×#103）
5	除法	$\#i=\#j/\#k$	G65 H05 P#101 Q#102 R#103；　（#101＝#102/#103）
6	逻辑或	$\#i=\#j\ OR\ \#k$	G65 H11 P#101 Q#102 R#103；　（#101＝#102 OR #103）
7	逻辑与	$\#i=\#j\ AND\ \#k$	G65 H12 P#101 Q#102 R#103；　（#101＝#102 AND #103）
8	逻辑异或	$\#i=\#j\ XOR\ \#k$	G65 H12 P#101 Q#102 R#103；　（#101＝#102 XOR #103）
9	平方根	$\#i=\sqrt{\#j}$	G65 H21 P#101 Q#102；　（#101＝$\sqrt{\#102}$）
10	绝对值	$\#i=\|\#j\|$	G65 H22 P#101 Q#102；　（#101＝$\|\#102\|$）
11	复合平方根1	$\#i=\sqrt{\#j^2+\#k^2}$	G65 H27 P#101 Q#102 R#103； （#101＝$\sqrt{\#102^2+\#103^2}$）
12	复合平方根2	$\#i=\sqrt{\#j^2-\#k^2}$	G65 H28 P#101 Q#102 R#103； （#101＝$\sqrt{\#102^2-\#103^2}$）

续表

序号	名称	公式	编程格式示例
13	正弦函数	#i＝#j×SIN（#k）	G65 H31 P#101 Q#102 R#103；（#101＝ #102×SIN（#103））
14	余弦函数	#i＝#j×COS（#k）	G65 H32 P#101 Q#102 R#103；（#101＝ #102×COS（#103））
15	正切函数	#i＝#j×TAN#k	G65 H33 P#101 Q#102 R#103；（#101＝ #102×TAN（#103））
16	反正切	#i＝#j×ATAN（#j/#k）	G65 H34 P#101 Q#102 R#103；（#101＝ATAN （#102/#103））
17	无条件转移		G65 H80 P120；（转移到N120）
18	条件转移1	#j＝#k	G65 H81 P1000 Q#101 R#102
19	条件转移2	#j≠#k	G65 H82 P1000 Q#101 R#102
20	条件转移3	#j＞#k	G65 H83 P1000 Q#101 R#102
21	条件转移4	#j＜#k	G65 H84 P1000 Q#101 R#102
22	条件转移5	#j≥#k	G65 H85 P1000 Q#101 R#102
23	条件转移6	#j≤#k	G65 H86 P1000 Q#101 R#102

（2）注意事项，为保证宏程序的正常运行，在使用用户宏程序的过程中，应注意以下几点：

①由G65规定的H码不影响偏移量的任何选择。

②如果用于各算术运算的Q或R未被指定，则作为0处理。

③在分支转移目标地址中，如果序号为正值，则检索过程是先向大程序号查找；如果序号为负值，则检索过程是先向小程序号查找。

④转移目标序号可以是变量。

4）FANUC系统B类宏程序

（1）B类宏程序的变量及变量的赋值。B类宏程序的变量、常量及变量类型与A类一致。变量的赋值见图7-1-3。

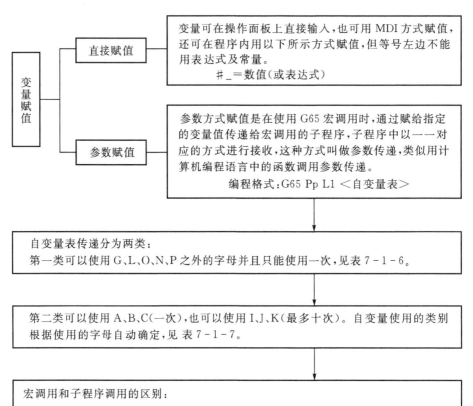

图7-1-3 变量的赋值

表7-1-6 宏调用参数传递变量对应表（第一类）

传递变量名称	用户宏程序中对应的变量	传递变量名称	用户宏程序中对应的变量	传递变量名称	用户宏程序中对应的变量
A	#1	H	#11	U	#21
B	#2	M	#13	V	#22
C	#3	Q	#17	W	#23
I	#4	R	#18	X	#24
J	#5	S	#19	Y	#25
K	#6	T	#20	Z	#26

传递变量名称	用户宏程序中对应的变量	传递变量名称	用户宏程序中对应的变量	传递变量名称	用户宏程序中对应的变量
D	#7				
E	#8				
F	#9				

表7-1-7　宏调用参数传递变量对应表（第二类）

传递变量名称	用户宏程序中对应的变量	传递变量名称	用户宏程序中对应的变量
A	#1	I	#19
B	#2	J	#20
C	#3	K	#21
I	#4	I	#22
J	#5	J	#23
K	#6	K	#24
I	#7	I	#25
J	#8	J	#26
K	#9	K	#27
I	#10	I	#28
J	#11	J	#29
K	#12	K	#30
I	#13	I	#31
J	#14	J	#32
K	#15	K	#33
I	#16		
J	#17		
K	#18		

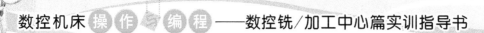

（2）B类宏程序算术和逻辑操作。在表7-1-8列出的操作可以用变量进行。操作符右边的表达式，可以含有常数和（/或）由一个功能块或操作符组成的变量。表达式中的变量#J和#K可以用常数替换。左边的变量也可以用表达式替换。

表7-1-8　算术和逻辑操作

功能	格式	注释
赋值	#i＝#j	
加	#i＝#j＋#k	
减	#i＝#j－#k	
乘	#i＝#j*#k	
除	#i＝#j/#k	
正弦	#i＝SIN[#j]	角度以度为单位，如：90°30′表示成90.5°
余弦	#i＝COS[#j]	
正切	#i＝TAN[#j]	
反正切	#i＝ATAN[#j]	
平方根	#i＝SQRT[#j]	
绝对值	#i＝ABS[#j]	
进位	#i＝ROUND[#j]	#1＝ROUND[#2]；其中#2＝1.2345，则#1＝1.0
下进位	#i＝FIX[#j]	#1＝1.2、#2＝-1.2 #3＝FIX[#1]，结果#3＝1.0；#3＝FIX[#2]，结果#3＝-1.0
上进位	#i＝FUP[#j]	#1＝1.2、#2＝-1.2 #3＝FUP[#1]，结果#3＝2.0；#3＝FUP[#2]，结果#3＝-2.0
OR（或）	#i＝#j OR #k	
XOR（异或）	#i＝#j XOR #k	用二进制数按位进行逻辑操作。运算法则参见A类宏程序
AND（与）	#i＝#j AND #k	

（3）B类宏程序程序分支和循环语句。

①语句格式及功能：三种分支循环语句见表7-1-9，操作符见表7-1-10。

表7-1-9　三种分支循环语句

序号	语句	表达式	功能	格式
1	GOTO 语句	无条件分支	无条件直接跳转到程序的第N句。当指定的顺序号大于1～9999时，出现128号报警，顺序号可以用表达式	GOTO N
2	IF 语句	条件分支：IF…，THEN…	在IF后面指定一个条件表达式，如果条件满足，转向第N句，否则执行下一段	格式1：IF [条件表达式] GO 格式2：IF [条件表达式] THEN 如果条件表达成立，执行预先决定的宏程序语句。只能执行一个宏程序语句
3	WHILE 语句	循环语句 WHILE…	在WHILE后指定一个条件表达式，条件满足时，执行DO到END之间的语句，否则执行END后的语句	DO m；（m=1，2，3） ⋮ END m；

表7-1-10　操作符

操作符	意义
EQ	=
NE	≠
GT	>
GE	≥
LT	<
LE	≤

循环嵌套格式，见表7-1-11。

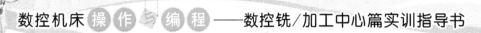
表7-1-11　循环嵌套格式

5）使用跳转、循环中特殊情况的说明

无限循环：指定了DO m而没有WHILE语句，循环将在DO和END之间无限期执行下去。

执行时间：程序执行GOTO分支语句时，要进行顺序号的搜索，所以反向执行的时间比正向执行的时间长。可以用WHILE语句减少处理时间。

未定义的变量：在使用EQ或NE的条件表达式中，空值和零的使用结果不同。而含其他操作符的条件表达式将空值看作零。

6）常用分支语句和循环语句标准格式

常用分支语句标准格式见表7-1-12。

表7-1-12　常用分支语句标准格式

N200 #100＝1.;	（当前值）＝（初值）;
（加工指令或其他···）;	（执行循环操作）;
#100＝#100＋1;	（当前值）＝（当前值）±1;
IF [#100 LE 10.] GOTO 200;	如果 [（当前值）比较（目标值）] 跳转到N200;

常用循环语句标准格式见表7-1-13。

表7-1-13　常用循环语句标准格式

#100＝1.;	（当前值）＝（初值）;
WHILE [#100 LE 10.] DO1;	如果 [（当前值）比较（目标值）] DO m;
（加工指令或其他···）;	（执行循环操作）;
#100＝#100＋1;	（当前值）＝（当前值）±1;
END1;	END m;

以上标准格式循环体将被循环执行10次。

2. 工艺分析及编程

（1）零件图样分析：加工如图7-1-4所示的零件，材料为45#钢，椭圆周边及凸台底面粗糙度$Ra3.2$ μm。

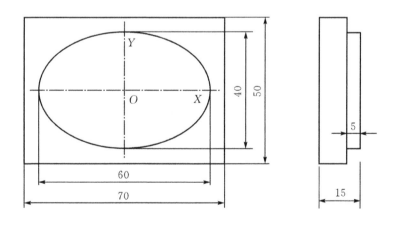

图7-1-4　加工零件图

该零件属于公式曲线椭圆凸台，编程主要考虑零件的凸台侧面精度要求。该零件需要用宏程序编程加工。其宏程序中角度变化增量决定了零件的加工表面精度，控制该参数就可以控制零件的加工精度。编程零点设置在椭圆中心零件上表面处。

（2）制定加工工艺，见图7-1-5。

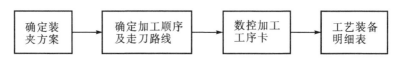

图7-1-5　制定加工工艺

注意：①虎钳装夹，钳口外露的高度不小于加工深度。

②加工顺序：采用 ϕ20立铣刀根据半径补偿控制器值调整进行周向分层加工，控制器值变化为：16，10.5，10。

③数控加工工序卡，见表7-1-14

④工艺装备明细表，见表7-1-15

表7-1-14　数控加工工序卡

工步号	工步内容	刀具号	切削用量（推荐）			备注
			主轴转速 / （r/min）	进给速度 / （mm/min）	进给深度 /mm	
1	加工椭圆凸台 ϕ20 立铣刀	T1	200	40	5	D01＝16
2						D01＝10.5
3						D01＝10

表7-1-15　工艺装备明细表

零件图号	图7-1-5	数控加工工艺装备明细表		机床型号	XK714C
零件名称	椭圆件			数控系统	FANUC
刀具表		量具表		工具表	
T1	ϕ20 mm立铣刀	1	游标卡尺（0～150）	1	平口虎钳
		2	千分尺（25～50）	2	垫铁
		3	深度千分尺（25～50）		

3. 加工方法

如图7-1-6所示以直线段进行刀具半径补偿，圆弧段光滑切入，然后进行椭圆的曲线拟合切削。将这个过程作为子程序，通过主程序中修改半径补偿寄存器号码（D01、D02等），寄存器预先放入不同的补偿量，来实现粗、精加工。

椭圆加工中，对于数控铣来说是铣整个椭圆周边，因此必须采用椭圆的公式进行计算拟合曲线的基点，如图7-1-7所示。

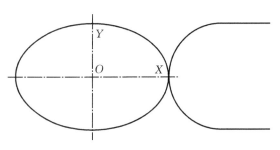

图7-1-6 加工方法分析图

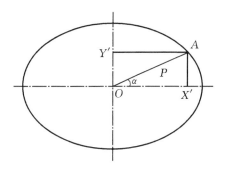

图7-1-7 椭圆拟合中间某点A的计算

椭圆公式如下。

①椭圆直角坐标（标准方程）公式：

$$(\frac{X}{a})^2+(\frac{Y}{b})^2=1$$

②椭圆的参数方程：

$$X=a \cdot \cos (\alpha)$$

在铣削椭圆加工中使用哪种公式合适呢？对于直角坐标方程来说，如果设定X为自变量，那么X的变化范围为：$[-\alpha，\alpha]$，X值将会有一个在中间正负值的变化，即从大变到小，再从小变到大，因此需要两个循环才能完成整个曲线的描述。

对于椭圆参数方程使用α角度为自变量，那么α的变化范围为$[0°，360°]$，只需要一个从小变到大的过程，也就是一个循环即可描述完整个椭圆，本例中选用参数方程。

4. 加工参考程序

加工参考程序见表7-1-16。

表7-1-16 加工参考程序

程序内容	含义
O0001	主程序
G65 H00 P#150 Q1.;	
M98 P0002;	
G65 H00 P#150 Q2.;	
M98 P0002;	
G65 H00 P#150 Q3.;	
M98 P0002;	
M30;	

续表

程序内容	含义
O0002	子程序
G54 G90 S1000 M03;	
G0 Z150.;	
G65 H00 P#100 Q30.;	X半轴长度尺寸
G65 H00 P#101 Q20.;	Y半轴长度尺寸
G65 H00 P#102 Q30.;	切入R半径
G65 H00 P#103 Q0.;	角度变化系数
G65 H04 P#112 Q#102 R2.;	初始点
G65 H02 P#113 Q#100 R#112;	
G0 X#113 Y−#102;	
G0 Z5. M08;	快速下刀定位Z
G01 Z−5. F30.;	Z向切入
G65 H02 P#114 Q#100 R#102;	
G42 X#114 Y−#102 D#150;	刀具半径补偿建立
G02 X#100 Y0. R#102;	圆弧光滑切入
N10 G65 H04 P#103 Q#103 R0.1;	角度增加
G65 H32 P#123 Q#103;	
G65 H04 P#104 Q#100 R#123;	椭圆X计算
G65 H31 P#123 Q#103;	
G65 H04 P#105 Q#101 R#123;	椭圆Y计算
G01 X#104 Y#105 F40.;	单段直线拟合切削
G65 H86 P10 Q#103 R360;	条件判断
G02 X#114 Y#102 R#102 M09;	圆弧光滑切出
G0 Z150.;	抬刀

程序内容	含义
G40 G0 X0 Y0;	撤销半径补偿
M99;	

5. 零件检查

按零件图检测。

6. 记录结果

记录检测结果，交接确认；保养机床，填写设备日常保养记录卡。

六、实训内容

（1）编程知识学习。

①宏程序的概念。

②变量、变量种类及使用方法。

③FANUC系统A类宏程序。

a. 宏调用（G65）各参数含义。

b. 宏调用（G65）各参数使用。

④FANUC系统B类宏程序。

a. B类宏程序的变量及变量的赋值。

b. B类宏程序算术和逻辑操作。

c. B类宏程序程序分支和循环语句。

（2）工艺分析及编程。

（3）加工方法分析。

（4）加工参考程序。

（5）零件加工。

（6）零件检查。

（7）记录结果，进行小结。

七、考核评价

教学项目过程考核评价表，见表7-1-17。

表7-1-17　任务一　曲线加工教学项目过程考核评价表

工作任务		项目七　任务一　曲线加工				
班级：　　　姓名：　　　学号：　　　指导教师：　　　日期：						
考核项目	考核标准	考核依据	考核方式		权重	得分小计
			小组考核	学校考核		
			30%	70%		
职业素质	1. 遵守学校管理规定及劳动纪律（5分） 2. 能积极主动地完成学习及工作任务（5分） 3. 能比较全面地提出需要学习和解决的问题（6分） 4. 工具的规范使用，工作环境整洁（7分） 5. 严格遵守安全生产规范（7分）	1. 教学日志 2. 课堂记录 3. 工作现场 4.6S管理标准			30%	
专业能力	1. 能进行公式曲线零件的工艺分析（10分） 2. 能正确使用宏程序完成程序编写（10分） 3. 能根据零件图合理划分加工工艺（10分） 4. 能正确使用各种测量工具（10分） 5. 能根据图纸加工位置正确装夹工件（10分） 6. 能根据零件加工要求进行手工编程（10分） 7. 能根据零件加工要求正确处理加工参数（10分）	1. 零件的工艺分析 2. 使用宏程序完成程序编写 3. 零件图 4. 程序清单 5. 调试记录 6. 测量工具的使用			70%	
指导教师综合评价	总分： 　　　　　　　　　　　（签章）					

（1）铣削加工如图7-1-8、图7-1-9所示零件，材料为45#钢，表面粗糙度*Ra*3.2 μm。

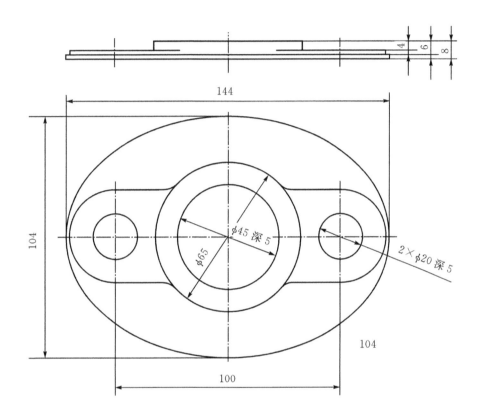

图7-1-8　加工零件图

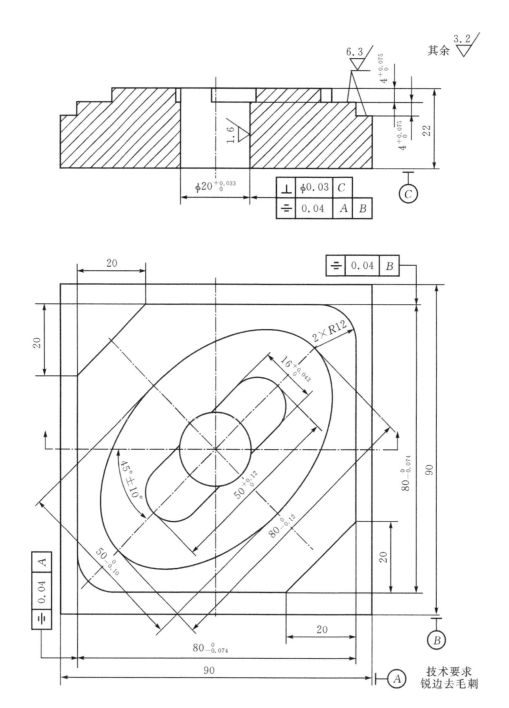

图7-1-9 加工零件图

（2）正弦曲面四轴加工，零件如图7-1-10所示。

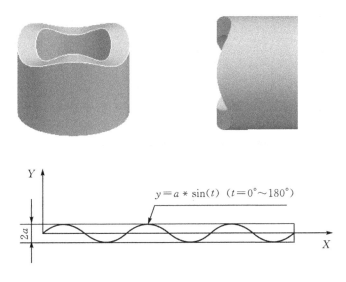

图7-1-10　加工零件图

一、任务教学课时

任务二教学课时为40学时。

二、任务目标

（1）能够完成复杂曲面零件的数控自动编程和加工。

（2）能进行曲面类零件的装夹找正。

（3）会曲面零件加工精度的分配、控制、调整。

（4）能进行程序的机床传输，使用DNC加工。

三、任务实施设备条件

任务实施所需设备见表7-2-1。

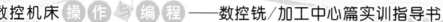
表7-2-1　任务实施设备条件

序号	设备等名称	设备等条件
1	设　备	FANUC系统XK714C型
2	刀　具	φ3中心钻、φ10钻头、φ11.8钻头、φ12铰刀、φ18r2环形刀、φ12r2环形刀、φ8球头刀、φ20立铣刀
3	量　具	游标卡尺（0～150）、深度千分尺（25～50）、千分尺（25～50）
4	工具、辅具	平口虎钳、垫铁、压板
5	加工材料	进口铸铝

四、工作情境描述

作为中航工业下属公司人员，小王对飞机制造很向往，那么复杂的形状是怎么加工出来的呢？师傅说过，用学过的CAD/CAM知识配合数控加工可以完成很多看似不可能完成的任务。于是，小王更努力地钻研起来。他计划加工个飞机小模型过年带回家，让父母看看。三维曲面加工实体造型如图7-2-1所示。

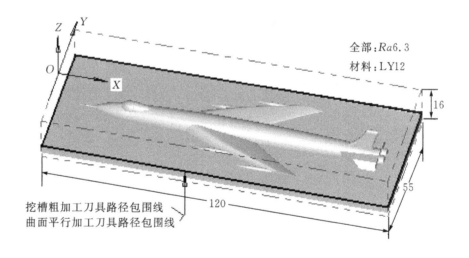

图7-2-1　三维曲面加工实体造型

五、相关知识概述

1. 编程知识学习

本任务中可以使用自己熟悉的CAD/CAM软件，本教材中使用MasterCAM X5进行讲解，其中CAD造型部分和CAM各种粗精加工基础在此不再赘述。

2. 工艺分析及编程

加工如图7-2-2所示的国产某型号飞机机翼下某重要旋转部件。

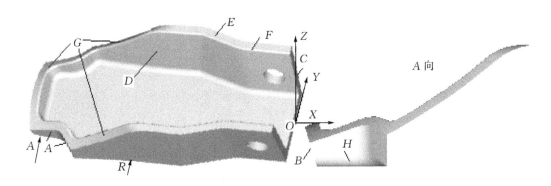

图7-2-2　国产某型号飞机机翼下某重要旋转部件

（1）零件图样分析：在实体曲面零件的加工中，最复杂的为各种加工型面、各个方向的组合，尤其是当该零件5～6个面均需要加工的情况下，就必须合理安排加工顺序、加工部位、加工面，以及刀具合理的选用等一系列问题。

图7-2-2为国产某型号飞机机翼下某重要旋转部件，为薄壁零件。该部分将由两个组成一对，因此曲面形状位置性要求较高，由于要经过钳工研修，因此表面粗糙度要求在整体Ra3.2，材料为进口铸铝。图纸为厂家提供数学模型，属于无图纸加工。具体加工方法，见表7-2-2。

表7-2-2　具体加工方法

序号	零件图分析	具体方法
1	装夹部分	毛坯为六方体，宽度和厚度方向分别有2 mm余量，长度方向共50 mm余量，用于装夹部分
2	安装方向	外周边为拔模曲面，且除最右端C处为直角边外其余各处拔模斜度均不一致，因此该零件必须底朝上进行加工全部周边
3	图7-2-2B处	为一斜度平面，不在三维加工中进行，采用在普通铣床上扳转主轴头铣削即可
4	图7-2-2A处	由于区域小，并带有H处的变倒圆，表面要求光滑，因此在此处豁口处应将工件分别侧立两次加工
5	整体中部	为拔模型腔，可以按图7-2-2方向直接进行加工
6	图纸转换	采用（Creat/curve/one edge）提取孔边边界线，查询出孔中心位置，用于钻孔

（2）制定加工工艺，见图7-2-3。

159

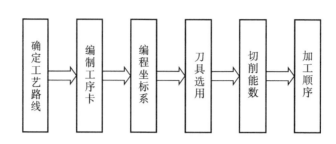

图7-2-3　制定加工工艺

注意：①确定工艺路线，编制零件加工工序卡，见表7-2-3。
②编程坐标系：确定工件坐标系即编程坐标系位于图7-2-2零点。
③刀具选用、切削参数选用，见表7-2-4。
④加工顺序，见图7-2-4。

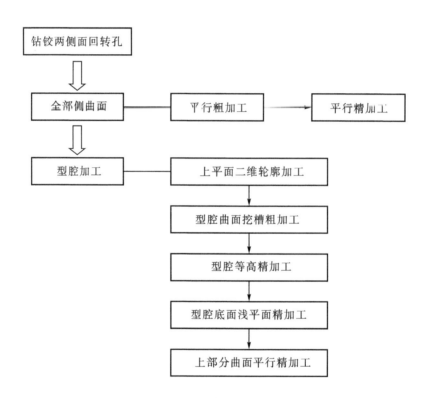

图7-2-4　加工顺序

表7-2-3　工艺路线，加工工序卡

企业名称		数控加工工序卡片	产品名称或代号	零件名称	零件代号（图号）	零件材料及热处理
			×××	短梁	0081	进口铸铝
工步号	工位	工步内容			工时	备注
0	普铣	精加工三互相垂直面，垂直度误差≤0.02				
5	数控铣	（1）侧立装夹钻铰回转孔				虎钳
		（2）侧立两次装夹加工全部侧曲面				虎钳
		（3）正面装夹加工整体型腔内全部曲面及上表面全部曲面				压板
10	普铣	（1）将两端装夹工艺段部分铣去				压板
		（2）铣小端大斜面				
编制		审核	批准		年　月　日　共　页　第　页	

表7-2-4　刀具、切削参数选用

序号	加工部位	自动编程方法	选择刀具	切削间距	进给量	下刀	转速	每层切深	切削深度	加工余量
1	侧面中心孔	G81	φ3中心钻		50	50	1200		15	
2	侧面钻孔	G83	φ10钻头		50	50	1000	4	18	
3	侧面扩孔	G83	φ11.8钻头		50	50	1000	4	18	
4	侧面铰孔	G86	φ12铰刀		12	12	120		15	
5	侧全部曲面粗	平行粗	φ18r2环形刀	6	200	100	1600	2		0.2
6	侧全部曲面精	平行精	φ8球头刀	0.2	300	150	3000			0.02
7	型腔顶平面	二维轮廓	φ20立铣刀		100	50	1500			0.02
8	型腔全部粗	挖槽	φ18r2环形刀	9	200	100	1600	3		0.3
9	型腔全部精	等高	φ12r2环形刀	0.2	300	100	3000			0.02
10	型腔底面精	浅平面	φ12r2环形刀	0.2	300	100	3000			0.02
11	上部分曲面精	平行精	φ8球头刀	0.2	300	150	3000			0.02

3. CAM分析及编程

（1）侧立装夹钻铰回转孔。

自动编程操作及步骤：

①用Creat/curve/one edge 提取出实体孔边缘曲线，由于该曲线是一个三维空间曲线，无法使用Aanalyze分析功能直接查询孔中心，因此在XY平面内做一任意平面，通过Cruve/project投影将该三维空间曲线投影到这一平面便得到一个在平面上的二维圆，如图7-2-5所示，此时再通过查询该圆中心坐标为：X−12.0，Y−19.0。

②Toolpath/drill 编制钻孔循环加工刀具路径，分别为中心孔→钻孔→扩孔→铰孔。其中孔加工深度为超过内型腔即可，此处值为15，如图7-2-6所示，由于孔系零件编程在项目四中已详细叙述，孔编程刀具路径制作过程略。

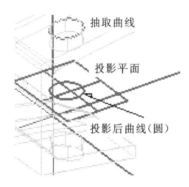

图7-2-5　提取实体孔边缘曲线

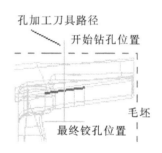

图7-2-6　刀具路径

（2）侧立两次装夹加工全部侧曲面。

①Toolpath/surface rough/parallel平行粗加工：驱动面为单侧所有上表面，干涉面为这些面的相邻曲面，无刀具路径包围线，如图7-2-7所示。刀具和切削参数按表7-2-4设置，其中：Feed plane… 40.0；Retract… 5.0；Stock to leave 0.2；平行粗加工参数如图7-2-8所示。

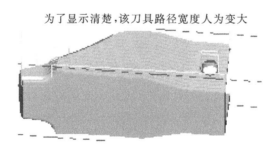

图7-2-7　平行粗加工两侧端部

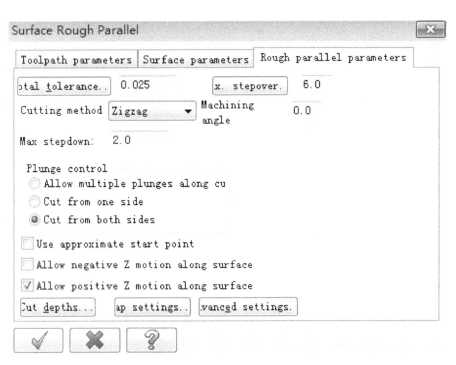

图7-2-8 平行粗加工参数设置

②Toolpath/surface finish/parallel平行精加工：方法与第①步中除Max Stepover为0.2外，其余参数完全一致。精加工刀具路径图如图7-2-6所示，零件模拟加工后效果如图7-2-9所示。

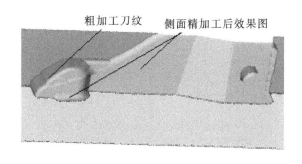

图7-2-9 两侧精加工效果图

③将该文件存盘后以侧视图为当前视图旋转180°，重复第①、②步完成另一侧面的编程加工。

（3）正面装夹加工整体型腔内全部曲面及上表面全部曲面。

①采用加工，将零件上部分最高处平面加工，由于该零件精加工完后零件厚度为40 mm，因此直接在零件表面做一条简单直线，用Toolpath/contour外形铣无刀具补偿的情况下在指定高度直接拉一刀即可（由于为铝件，且余量只有1 mm，因此将切削速度和主轴转速提高即可达到所要求的表面粗糙度），刀具路径及辅助线如图7-2-10所示。

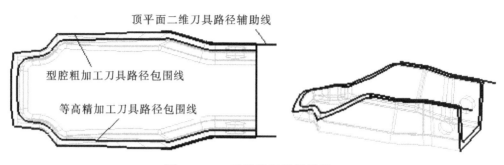

顶平面二维刀具路径辅助线

型腔粗加工刀具路径包围线

等高精加工刀具路径包围线

图7-2-10 刀具路径及辅助线

②型腔曲面挖槽粗加工：去除零件整体上表面多余材料及型腔内部材料。最小给精加工留余量为0.3。由于两侧外的多余材料在两侧面装夹时已加工完成，因此，型腔粗加工必须被限制在需要加工的包围线内，该包围线为三维空间曲线，通过从实体上取边的方式取出。驱动面为整个实体，挖槽粗加工无干涉面，刀具包围线如图7-2-10所示。按表7-2-4设置刀具和切削参数，其中，Drive surface stock to leave：0.3；挖槽粗加工参数如图7-2-11所示的标识部分，刀具路径如图7-2-12所示。

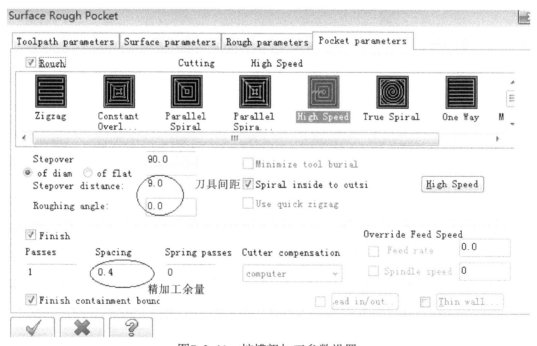

图7-2-11 挖槽粗加工参数设置

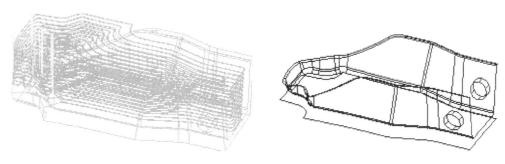

图7-2-12　刀具路径线

③型腔等高精加工：去除零件整体上表面经粗加工后的残余材料，由于材料较软，可以一次直接进行精加工而不需要进行半精加工。精加工后留余量为0.02做为钳修量。由于只对型腔内部进行精加工，因此零件上曲面部分必须被保护，即作为干涉曲面。等高精加工驱动面为整个实体表面，干涉面为与内型腔相邻所有上部分曲面，刀具路径包围线为内型腔与上曲面交线，最后的驱动面就为全部实体曲面减去干涉面，即使底面为驱动面，但无法加工，因此没有任何影响。

按表7-2-4设置刀具和切削参数，其中，Drive surface stock to leave：0.02；等高精加工参数如图7-2-13所示，刀具路径如图7-2-14所示。

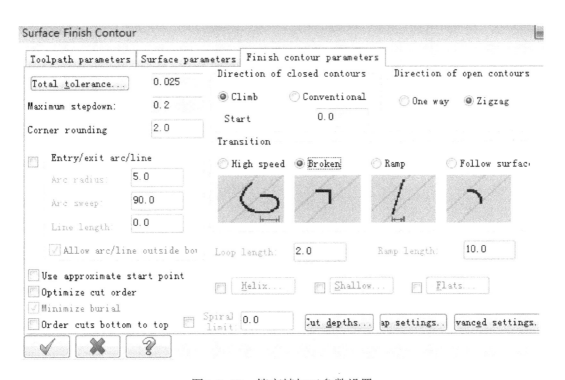

图7-2-13　等高精加工参数设置

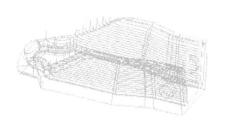

图7-2-14　等高精加工刀具路径

④型腔底面浅平面精加工：去除零件底面上粗加工后的残余材料，同样一次直接进行精加工而不需要进行半精加工，精加工后留余量为0.02作为钳修量。为曲面相接完整，驱动面为底面和底面相邻的所有底面圆角，干涉面为内型腔侧面，如图7-2-15所示。

驱动面　　　干涉面

图7-2-15　驱动面和干涉面

按表7-2-4设置刀具和切削参数，其中：Drive surface stock to leave：0.02；浅平面精加工参数如图7-2-16所示，刀具路径如图7-2-17。

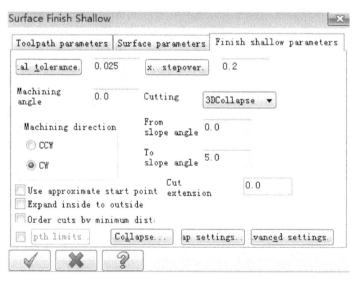

图7-2-16　浅平面精加工参数设置

⑤上部分曲面精加工：去除零件上部分曲面由于挖槽粗加工后的残余材料，采用平行精加工一次加工完成。驱动面为除上平面以外的曲面，干涉面为上平面和内型腔与上表面的倒圆面，无刀具路径包围线。

刀具和切削参数按表7-2-4设置，其中，Max Stepover：0.2；ZigZag切削方式；Machining angle：0°；刀具路径如图7-2-17所示。

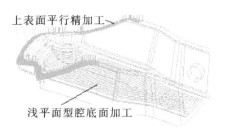

图7-2-17　浅平面精加工刀具路径

⑥实体校检加工：选择Toolpath/Opeartions/Verify进行模拟加工，加工效果图如图7-2-18所示，其余两端部分和大斜面将由普铣完成。

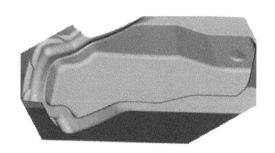

图7-2-18　加工效果图

⑦选择Post/change post 选择附光盘根目录中"后置处理程序/ FANUC 0i铣-加工中心/ MP-FANUC-0i.PST"的后置处理程序文件进行输出数控加工程序（略）。

⑧实践机床加工操作

a. 按表7-2-3工艺步骤进行逐面加工。

b. 在每个面加工准备好后将机床与计算机用通讯电缆进行RS232接口连接。

c. 将计算机端传输软件Winpcin运行（程序文件在光盘目录SOFT/WINPCIN下），调试后进行加工，在电脑端将WINPCIN采用"Text Format"方式传输，参数设置如图7-2-19所示。

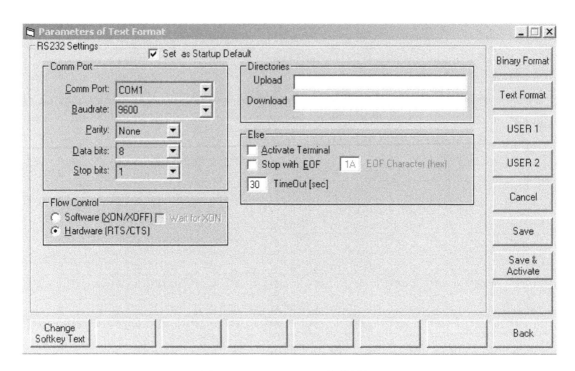

图7-2-19　WINPCIN参数设置

（4）机床端参数设置和调整，机床准备（FANUC）。

①进入 OFFSET/SETTING 页面，选择 SETING 进入参数设置页面修改通道号1。

②选择 MDI 方式，依次选择[SYSTEM]→[SYSTEM]→[ALL I/O] →[PRGM]，出现下列菜单后按如下参数配置：

I/O CHANNEL	l
DEVICE NUM	
BAUD RAIE	9600
STOP BIT	1
NULL INPUT （EIA）	ALM
TV CHECK （NOTES）	OFF
TV CHECK	OFF
PUNCHCODE	ISO
INPUTCODE	EIA/ISO
FEED OUTPUT	FEED
EOB OUTPUT	LFCRCR

机床准备（SIEMENS）。参数设置见图7-2-20。

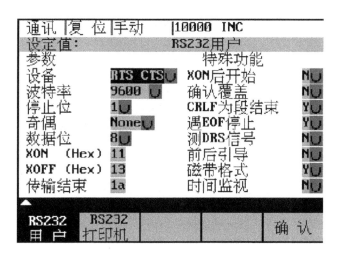

图7-2-20　SIEMENS传输端参数设置

（5）选择DNC模式后按循环启动，机床显示屏上出现闪烁的"LSK"字样，进入传输等待。

（6）在电脑端传输软件中选择程序文件后，按"Send"开始传送。

注：①由于在传输时你还在电脑旁，所以传输开始启动前一定将机床端进给倍率开关调整到最小，以免程序错误来不及操作，造成事故。

②传输时一定是机床端调整好一切之后开始等待，然后电脑端才能开始传输。

六、实训内容

（1）编程知识学习。本教材中使用MasterCAM X5进行讲解。

（2）工艺分析及编程。

加工如图7-2-2所示的国产某型号飞机机翼下某重要旋转部件。

①零件图样分析。

②制定加工工艺。

（3）CAM分析及编程

①侧立装夹钻铰回转孔。

②侧立两次装夹加工全部侧曲面。

③正面装夹加工整体型腔内全部曲面及上表面全部曲面。

④机床端参数设置和调整，机床准备（FANUC）。

⑤选择DNC模式后按循环启动，机床显示屏上出现闪烁的"LSK"字样，进入传输等待。

⑥在电脑端传输软件中选择程序文件后，按"Send"开始传送。

（4）零件加工。

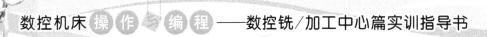

（5）零件检查。

（6）记录结果，进行小结。

七、考核评价

教学项目过程考核评价表，见表7-2-5。

表7-2-5 任务二 三维曲面加工教学项目过程考核评价表

工作任务	项目七 任务二 三维曲面加工					
班级： 姓名： 学号：			指导教师：		日期：	
考核项目	考核标准	考核依据	考核方式		权重	得分小计
			小组考核	学校考核		
			30%	70%		
职业素质	1. 遵守学校管理规定及劳动纪律（5分） 2. 能积极主动地完成学习及工作任务（5分） 3. 能比较全面地提出需要学习和解决的问题（6分） 4. 工具的规范使用，工作环境整洁（7分） 5. 严格遵守安全生产规范（7分）	1. 教学日志 2. 课堂记录 3. 工作现场 4. 6S管理标准			30%	
专业能力	1. 能完成复杂曲面零件的自动编程（10分） 2. 能根据零件图使用CAD/CAM软件完成自动编程（20分） 3. 能根据零件图合理划分加工工艺（10分） 4. 能正确使用各种测量工具（10分） 5. 能根据图纸加工位置正确装夹工件（10分） 6. 能根据零件加工要求正确处理加工参数（10分）	1. 复杂曲面零件的自动编程 2. CAD/CAM软件自动编程 3. 零件图 4. 程序清单 5. 调试记录 6. 测量工具的使用			70%	
指导教师综合评价	总分：					
	（签章）					

八、思考与练习

（1）加工如图7-2-21所示零件，三维图形尺寸自定。

图7-2-21　加工零件图

（2）加工如图7-2-1所示零件，三维图形尺寸自定。

（3）加工如图7-2-22所示零件，三维图形尺寸自定。

图7-2-22　加工零件图